67WS

デザインの学校 これからはじめる

After Effectsの本［改訂2版］

技術評論社

本書の特徴

- 最初から通して読むことで、After Effectsの体系的な知識・操作が身に付きます。
- 動画制作の基本が身に付きます。
- 練習ファイルを使って学習することもできます。

本書の使い方

本文は、1 2 3…の順番に手順が並んでいます。この順番で操作を行ってください。
それぞれの手順には、❶ ❷ ❸…のように、数字が入っています。
この数字は、操作画面内にも対応する数字があり、操作を行う場所と、操作内容を示しています。

Chapter 2 背景を作ろう

Lesson 01

タイムラインに配置しよう

読み込んだ素材はタイムラインに配置することで、コンポジションパネルに内容が表示され、編集可能になります。

練習ファイル 0201a.aep
完成ファイル 0201b.aep

●「img_02_01.jpg」レイヤーを配置する

1 [プロジェクト]パネルで選択する

[プロジェクト]パネルで「img_02_01.jpg」をクリックして❶、選択します。

2 [タイムライン]パネルにドロップする

選択した「img_02_01.jpg」を「タイムライン」パネルにドラッグ＆ドロップします❶。

3 [コンポジション]パネルで確認する

[タイムライン]パネルに配置すると、「img_02_01.jpg」はレイヤーとなり❶、[コンポジション]パネルに内容が表示されます❷。

4 [現在の時間インジケーター]を移動する

「img_02_01.jpg」レイヤーは00000から00050まで表示するように調整していきます。[現在の時間インジケーター]を「00051」フレームまでドラッグします❶。

MEMO

[タイムライン]パネルの左上に現在のフレームの位置が表示されています。「00000」のようにフレーム数表示になっていない場合は、P.27を参照して表示設定を変更しましょう。

5 [レイヤーを分割]を行う

「編集」メニュー→[レイヤーを分割]の順にクリックします❶。

2 背景を作ろう

44 45

Visual Index

具体的な操作を行う各章の頭には、その章で学習する内容を視覚的に把握できるインデックスがあります。
このインデックスから、自分のやりたい操作を探し、表示のページに移動すると便利です。

Visual Index Chapter 2

背景を作ろう

完成イメージ

この章のポイント

この章では、アニメーションを作成しながらキーフレームの基本を学びます。After Effectsにあらかじめ用意されているエフェクトを利用することで、簡単に画像に質感を付けることができます。

POINT 1 画像を配置する

動画を作成する前の準備を行います。1章で読み込んだ画像ファイルを、表示する順番通りに配置します。

→P.44

POINT 2 画像をアニメーションさせる

キーフレームを追加して、画像を動かします。

→P.52

POINT 3 画像をぼやかせる

ここでは背景を作るので、エフェクトを利用してぼやかします。背景をぼやかせることで、以降のChapterで作成する文字デザインなどを目立たせる狙いがあります。

→P.60

POINT 4 画像に質感を追加する

エフェクトを利用して画像に質感を追加することで、異なる複数の画像に対して、背景としての統一感を持たせる狙いがあります。

→P.64

42

43

◆免責

本書に記載された内容は、情報の提供のみを目的としています。したがって、本書を用いた運用は、必ずお客様自身の責任と判断によって行ってください。これらの情報の運用の結果、いかなる障害が発生しても、技術評論社および著者はいかなる責任も負いません。また、ソフトウェアに関する記述は、特に断りのない限り、2021年8月現在のWindows／Mac用の最新バージョン（After Effects 18.4.1）を元にしています。ソフトウェアはバージョンアップされる場合があり、本書での説明とは機能内容や画面図などが異なってしまうこともあり得ます。本書ご購入の前に、必ずバージョンをご確認ください。また、ソフトウェアは必ずご自分でご用意ください。

以上の注意事項をご承諾いただいた上で、本書をご利用願います。これらの注意事項に関わる理由に基づく、返金、返本を含む、あらゆる対処を、技術評論社および著者は行いません。あらかじめ、ご承知おきください。

◆商標

Adobe After Effectsは、Adobe Inc.（アドビ社）の米国ならびに他の国における商標または登録商標です。その他、本文中に記載されている会社名、団体名、製品名などは、それぞれの会社・団体の商標、登録商標、商品名です。なお、本文中に™マーク、Ⓡマークは明記しておりません。

Contents

Chapter

2 背景を作ろう …… 41

Chapter

3 タイトルを作ろう …… 71

Chapter 4 テロップを作ろう …… 95

Chapter 5 場面転換を作ろう …… 133

Chapter

6 立体的なアニメーションを作ろう …… 167

Chapter

7 動画を書き出そう …… 197

練習ファイルのダウンロード

練習ファイルについて

本書で使用する練習ファイルは、以下のURLのサポートサイトからダウンロードすることができます。練習ファイルは章ごとにフォルダーで圧縮されていますので、ダウンロード後はデスクトップ画面にフォルダーを展開してから使用してください。

https://gihyo.jp/book/2021/978-4-297-12415-1/support

章ごとのフォルダーには、各節で使用する練習用のファイルが入っています。練習用のファイルは、各節の最初の状態の練習ファイルには「a」、最後の状態の完成ファイルには「b」の文字がファイル名に付いています。そのほか、各章で使用する画像や動画ファイルなどの素材ファイルが含まれている場合があります。

練習ファイルのダウンロード

お使いのコンピューターを使用して、練習ファイルをダウンロードしてください。以下は、Windowsでのダウンロード手順となります。

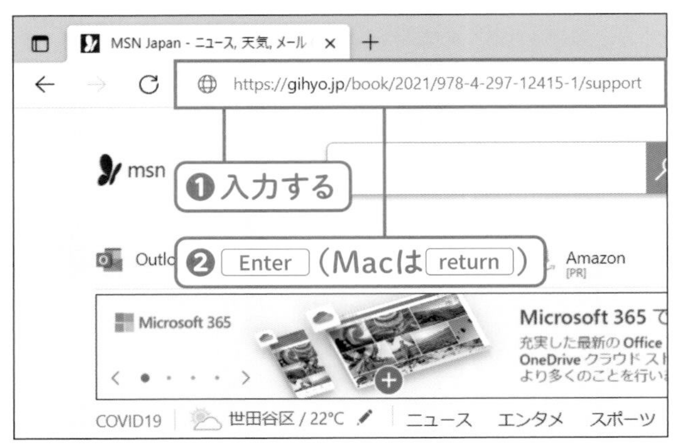

1 Webブラウザを起動し、上記のサポートサイトのURLを入力して❶、Enter（Macは return）キーを押します❷。

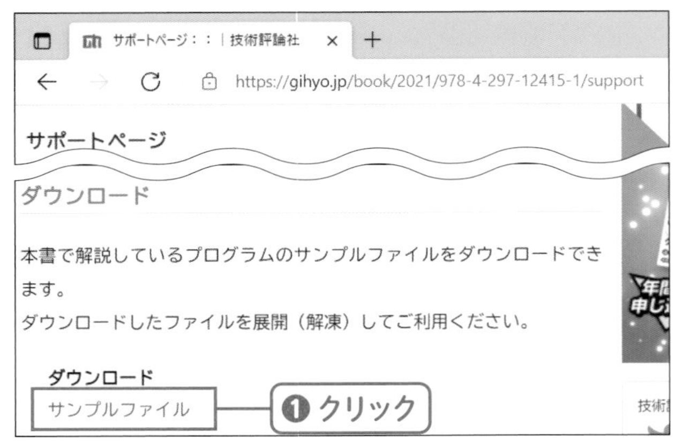

2 表示された画面をスクロールし、［サンプルファイル］のリンクをクリックします❶。

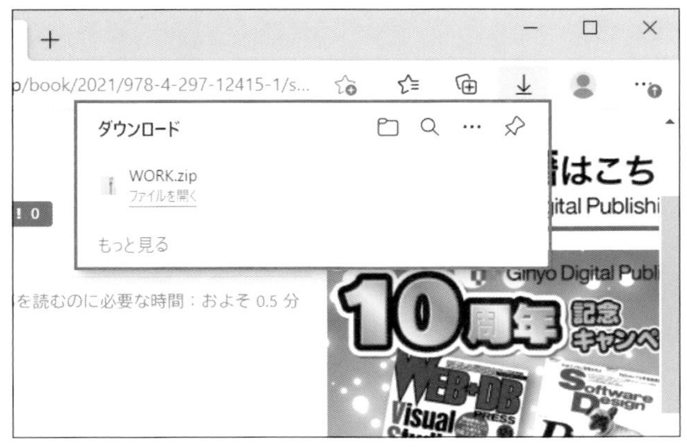

3 ダウンロードが開始されます。WindowsのMicrosoft Edgeの場合は、［ダウンロード］フォルダーにダウンロードされます。MacのSafariでは、［ダウンロード］フォルダに自動的に保存されます。

4 ダウンロードには時間がかかります。完了したら［ダウンロード］フォルダーをクリックして❶、表示します。MacのSafariの場合は、Finderから［ダウンロード］フォルダーを開きます。

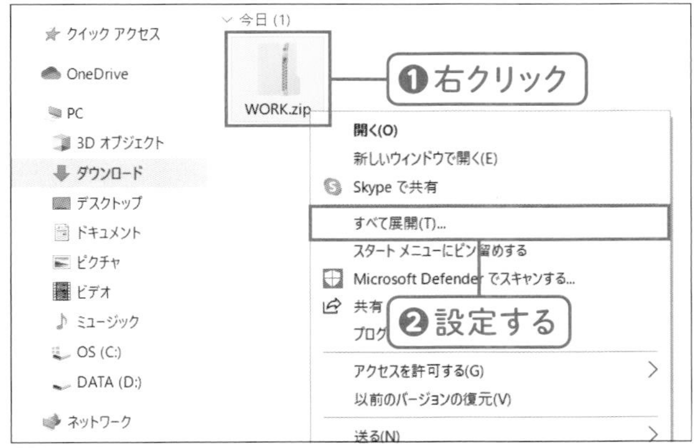

5 ダウンロードしたファイルを右クリックし❶、［すべて展開］をクリックします❷。MacのSafariの場合は自動的に展開されています。

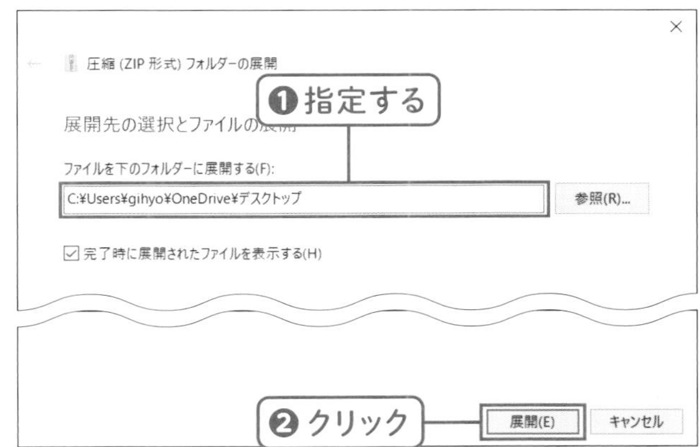

6 展開先にデスクトップを指定して❶、［展開］ボタンをクリックします❷。

7 フォルダーが展開されます。フォルダーをダブルクリックすると、サンプルファイルが確認できます。

MEMO

本書では、練習ファイルのフォルダーをデスクトップに置いた状態で解説しています。デスクトップに展開しなかった場合や、Macの場合は、フォルダーをデスクトップにドラッグ＆ドロップして移動してください。

After Effects 体験版のダウンロードとインストール

本書の操作を行うには、After Effects が必要です。After Effects をお持ちでない場合は、アドビシステムズから提供されている7日間無償で使える体験版をダウンロードして利用することができます。ダウンロードおよびインストールには、インターネット接続が必要です。なお、すべてのダウンロードからインストールまでの作業を完了するには、数時間かかることもあります。また、体験版は最初の起動より7日間の試用期限があります。期限を過ぎると、自動的に料金が発生するので、使用しない場合は解約する必要があります。解約方法については、アドビ社のページを確認してください。

https://helpx.adobe.com/jp/x-productkb/policy-pricing/change-plan.html

Adobe IDを取得して体験版をダウンロードする

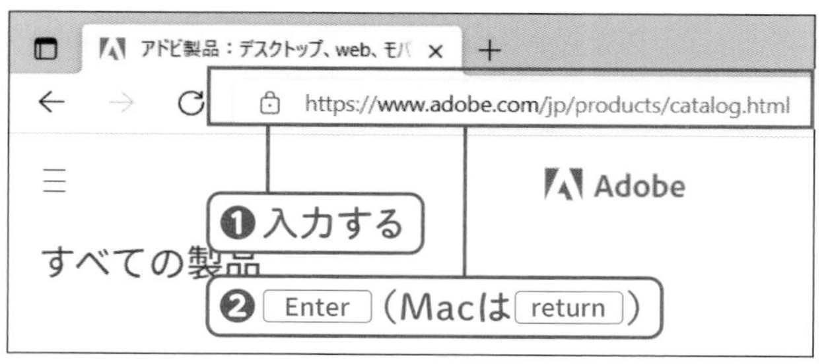

1 Webブラウザを起動し、URL入力欄に「https://www.adobe.com/jp/products/catalog.html」と入力し❶、Enter（Macは return）キーを押します❷。アドビシステムズのWebページが表示されます。

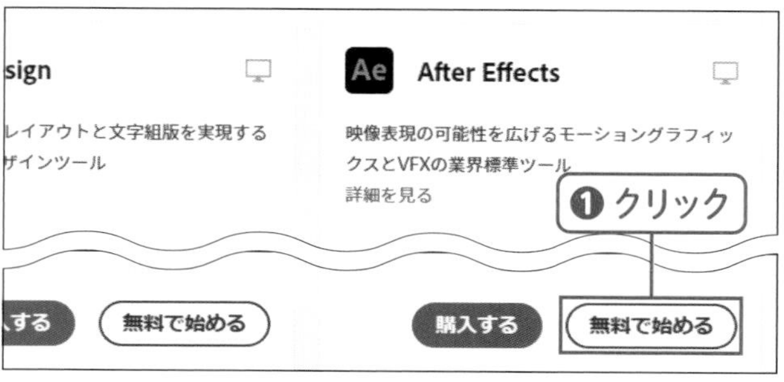

2 画面をスクロールして、After Effectsのところの［無料で始める］をクリックします❶。

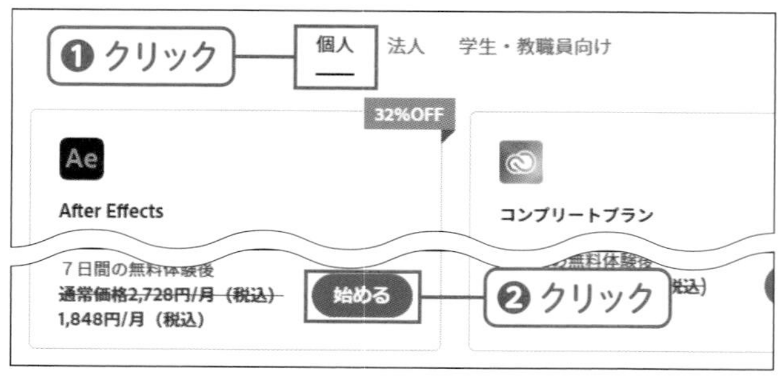

3 ［個人］をクリックし❶、［始める］をクリックします❷。

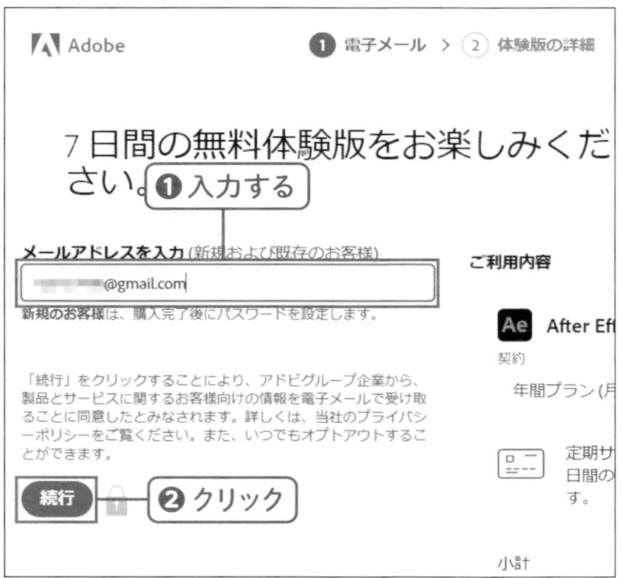

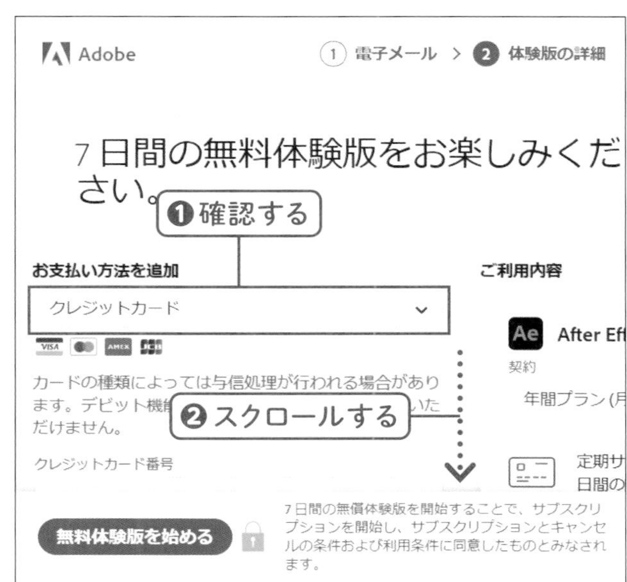

4 電子メールアドレスの確認画面が表示されるので、任意のメールアドレスを入力し❶、[続行]をクリックします❷。

5 [お支払い方法を追加]で「クレジットカード」が選択されていることを確認し❶、画面をスクロールします❷。

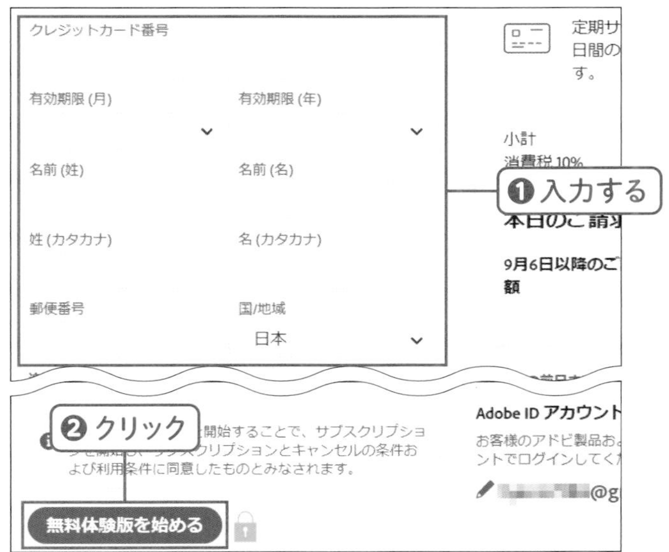

6 [ご利用内容]を確認すると7日間の無料体験版で割引されています。7日間を過ぎると月々のサブスクリプション請求が開始されます。クレジットカードの情報を入力し❶、[無料体験版を始める]をクリックします❷。

7 [ご注文の確認]画面が表示されるので、[パスワードを設定]をクリックします❶。

8 任意のパスワードを入力し❶、［アカウントの入力を完了］をクリックします❷。

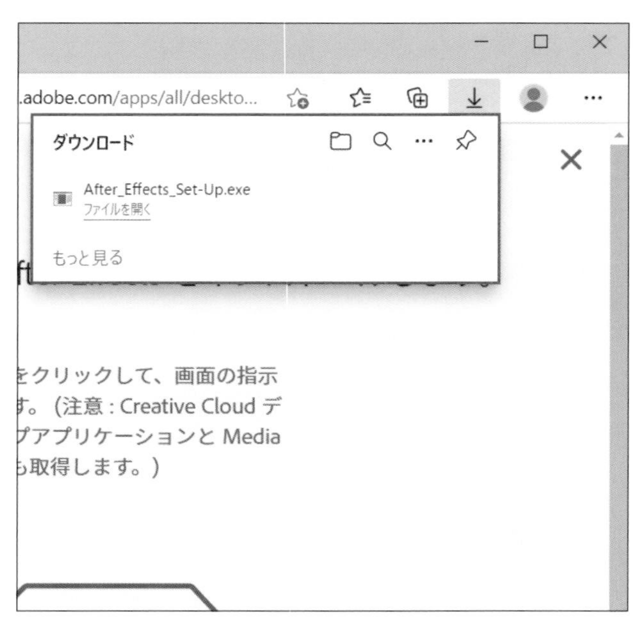

9 ダウンロードが開始されます。

10 アプリの体験版が［ダウンロード］フォルダーに保存されるので、ここでは、［After_Effects_Set-Up.exe］をダブルクリックします❶。

11 ［続行］をクリックします❶。

Creative Cloud と After Effects をインストール

デスクトップアプリケーションの使用状況

アドビのデスクトップアプリケーションは、よりよい製品を提供し、エクスペリエンスをパーソナライズするために、お客様の使用データを収集しています。このアプリケーションをインストールすることで、お客様はアドビとこの情報を共有することに同意したものと見なされます。使用データの提供は後からいつでもアカウント環境設定で設定を変更して中止できます。さらに詳しく

12 ［インストールを開始］をクリックします❶。

13 アンケートに回答します。［質問をスキップ］をクリックするか、該当のものをクリックして、［続行］をクリックします❶。

After Effects の使用経験を教えてください　ページ 2 / 3

この情報は、お客様の興味に応じたチュートリアルなどのコンテンツをおすすめするために使用されます。

一度も使用したことがない　少しだけ使用経験がある

広範な使用経験がある

❶ クリック

戻る　質問をスキップ　続行

14 アンケートに回答します。［質問をスキップ］をクリックするか、該当のものをクリックして、［続行］をクリックします❶。

15 アンケートに回答します。［質問をスキップ］をクリックするか、該当のものをクリックして、［続行］をクリックします❶。

Creative Cloud のインストールを完了中

Creative Cloud デスクトップアプリケーションは、間もなくインストールを完了して自動的に起動します。この時点で環境設定を変更して、すべてのアプリケーションのインストールに使用できます。

16

インストールが完了するまで待ちます。

17

[Adobe Creative Cloudへようこそ] 画面が表示されるので、[OK] をクリックします❶。

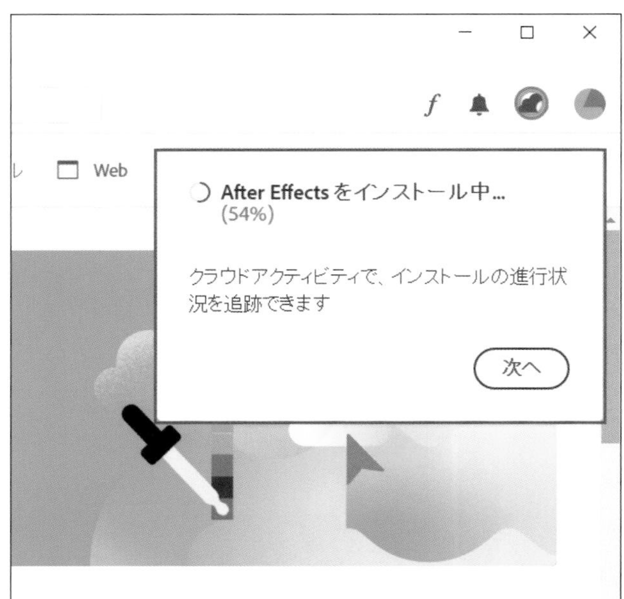

18

[After Effectsをインストール中] 画面が表示され、After Effectsがインストールされます。

MEMO

解約する場合は、Adobeアカウントのページ（https://account.adobe.com/plans）にアクセスし、[プランを管理] をクリックし、[プランを解約] をクリックして、画面の指示に従います。

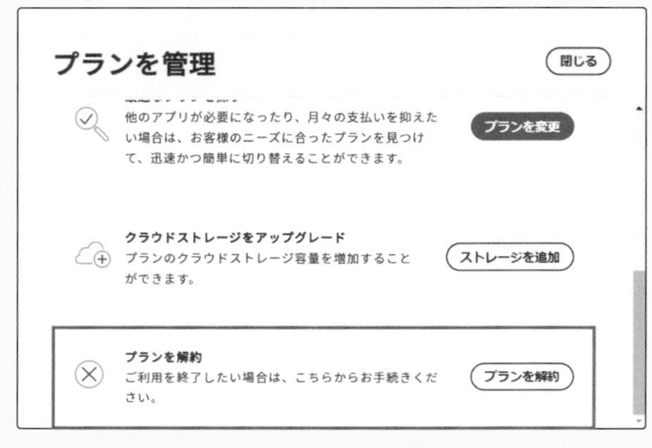

Chapter

After Effectsを使う前の準備

After Effectsで制作を始める前に、映像制作の流れや基本的な操作方法について知っておくと、第2章から始める作業がしやすくなります。この章であらかじめ覚えておきたい知識とAfter Effectsの基本操作について身に付けましょう。

Lesson 01

映像制作の流れを知ろう

動画制作ソフトであるAfter Effectsはどんな特徴のソフトか理解しましょう。また、これから行う動画制作のワークフローについても解説します。

練習ファイル　なし
完成ファイル　なし

After Effectsはどんなソフトか

After Effectsはアドビ社の動画制作ソフトです。映画タイトルのような動画や、テロップアニメーションなどを制作することが可能です。またエフェクトを駆使することで、炎や雨、雲や宇宙などといったイメージを制作することもできます。

PhotoshopやIllustrator、Premiere Proなどのアドビ社製ソフトとの連携がしやすいのも特徴です。静止画のキャラクターを動かしたり、図形やテキストの加工なども行うことができます。

映像を仕上げる作業（コンポジット）に使われることも多く、この作業工程で作品の良し悪しが変わることも少なくありません。本書では、基礎力が身に付くよう、ショップのプロモーション動画を作りながら、After Effectsの利用方法と特徴を学びます。

Illustrator、Photoshop、Premiere Proなどで作成したファイルも素材として読み込み、編集することができます。

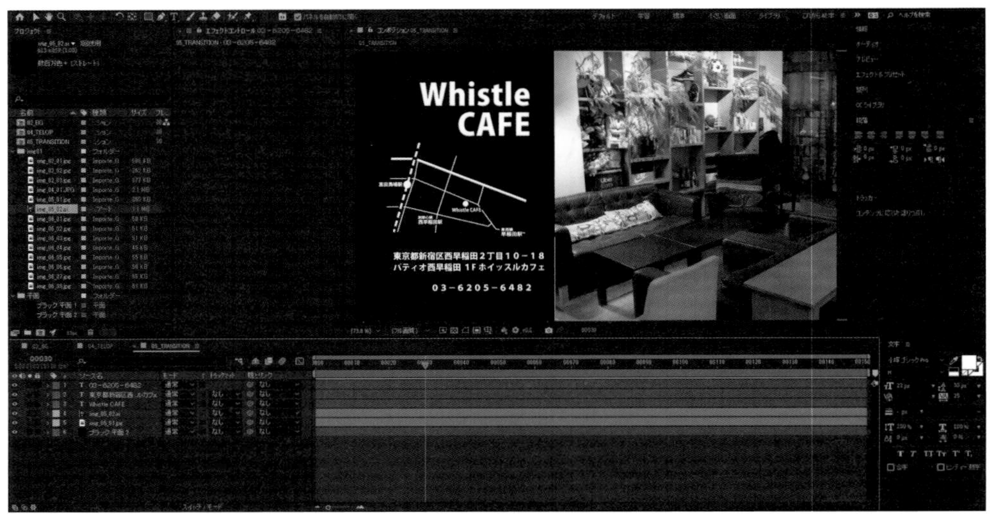

映像制作のワークフロー

一般的な映像制作のワークフローは、以下のようなものになります。

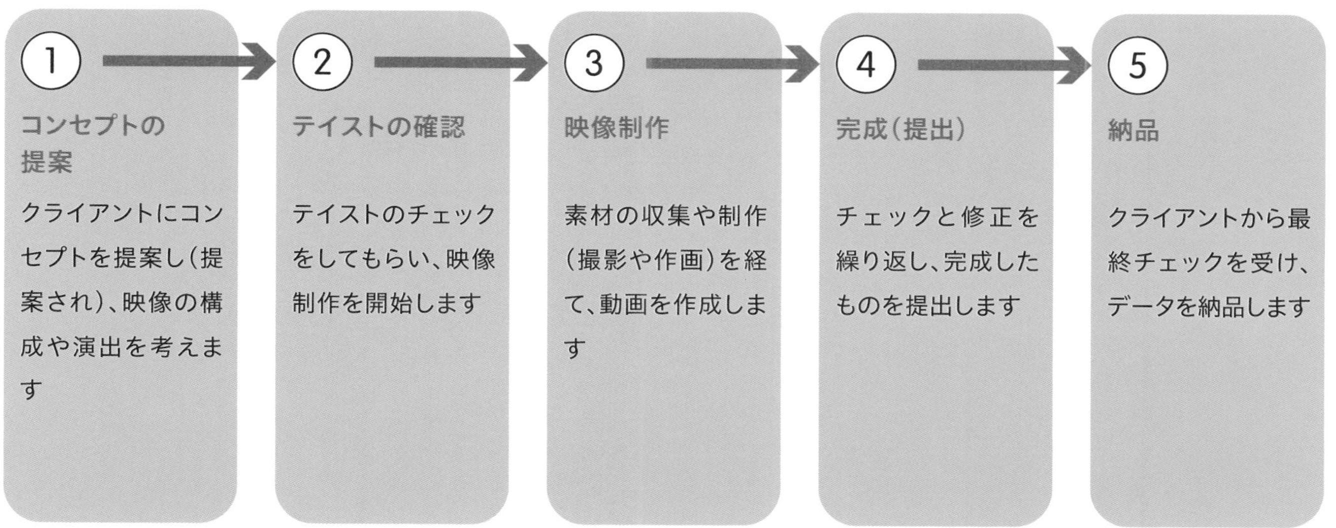

1
コンセプトの提案
クライアントにコンセプトを提案し（提案され）、映像の構成や演出を考えます
2
テイストの確認
テイストのチェックをしてもらい、映像制作を開始します
3
映像制作
素材の収集や制作（撮影や作画）を経て、動画を作成します
4
完成（提出）
チェックと修正を繰り返し、完成したものを提出します
5
納品
クライアントから最終チェックを受け、データを納品します

After Effectsで映像を作るワークフロー

After Effectsは多機能なソフトなため、作業に決まった工程はありません。色味の調整だけに使うこともありますし、素材を組み合わせた編集作業や絵コンテの制作に利用をすることもあります。
本書でのAfter Effectsワークフローは、以下になります。

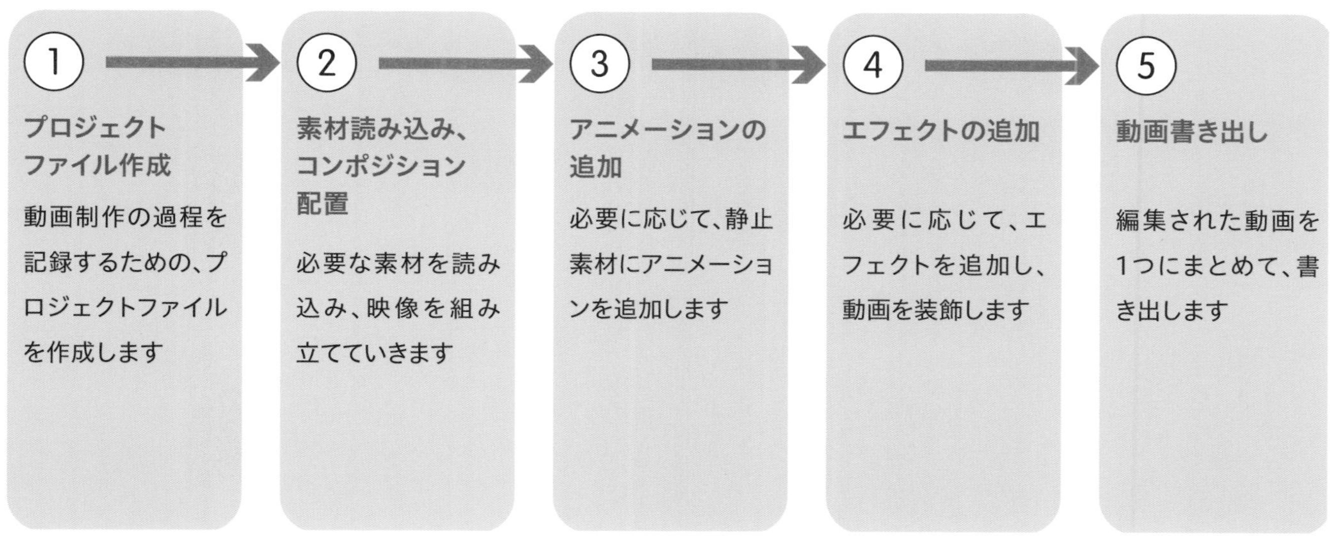

1
プロジェクトファイル作成
動画制作の過程を記録するための、プロジェクトファイルを作成します
2
素材読み込み、コンポジション配置
必要な素材を読み込み、映像を組み立てていきます
3
アニメーションの追加
必要に応じて、静止素材にアニメーションを追加します
4
エフェクトの追加
必要に応じて、エフェクトを追加し、動画を装飾します
5
動画書き出し
編集された動画を1つにまとめて、書き出します

練習ファイル　なし
完成ファイル　なし

起動・終了しよう

After Effectsがすでにインストールされていることを前提に、起動と終了を解説します（体験版インストールについては、P.10参照）。本書ではWindows 10とmacOSにインストールしたAfter Effects 2021での操作方法を解説しています。

Windowsで起動する

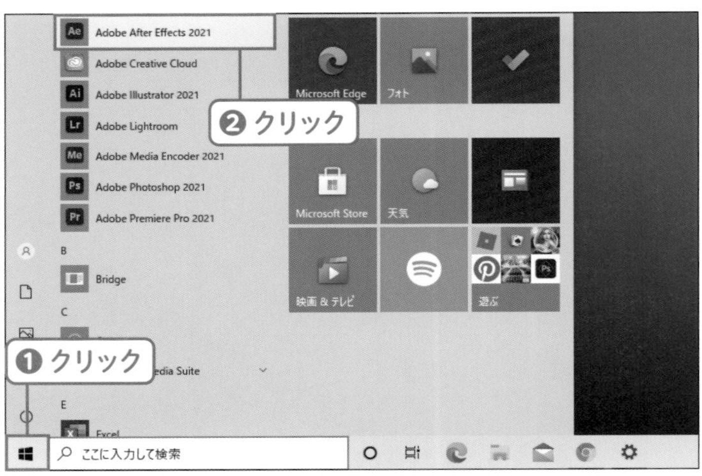

1 After Effectsを選択する

画面左下の［スタート］をクリックし❶、表示されるメニューから［Adobe After Effects 2021］をクリックします❷。

MEMO

「2021」のところは、バージョン名です。バージョンによって異なります。

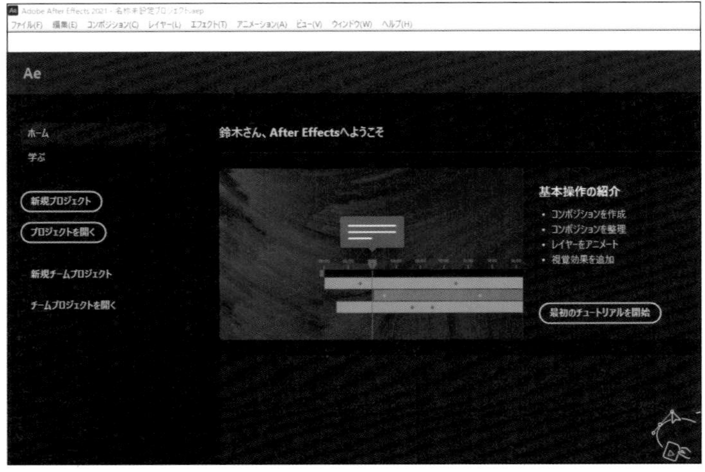

2 After Effectsが起動する

After Effectsが起動し、スタートアップスクリーン画面が表示されます。

MEMO

内蔵のグラフィックカードがAfter Effectsで作成した動画の再生およびレンダリング時の要件を満たしていないと、［システムの互換性レポート］画面が表示されます。詳しくはアドビ社のホームページをご覧ください（https://helpx.adobe.com/jp/premiere-pro/kb/hardware-recommendations.html）。

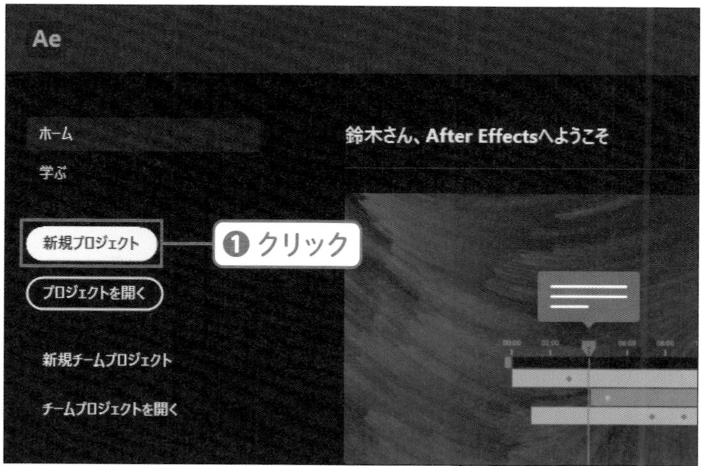

3 [新規プロジェクト]を作成する

初めにプロジェクトを作成しないと作業を行えません。スタートアップスクリーン画面の[新規プロジェクト]をクリックします❶。

MEMO

ここでこの画面を閉じても、新規プロジェクトが作成された状態で作業を開始できます。After Effectsを起動すると自動的にプロジェクトが作成されます。

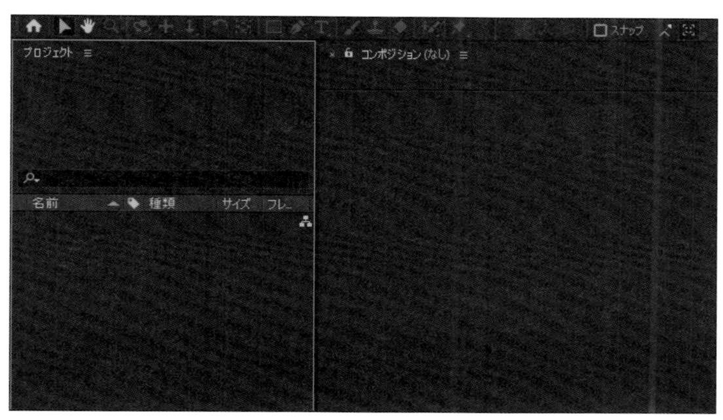

4 [新規プロジェクト]が作成される

スタートアップスクリーン画面が閉じられて、作業画面が表示されます。新規プロジェクトが作成されました。

● Windows で終了する

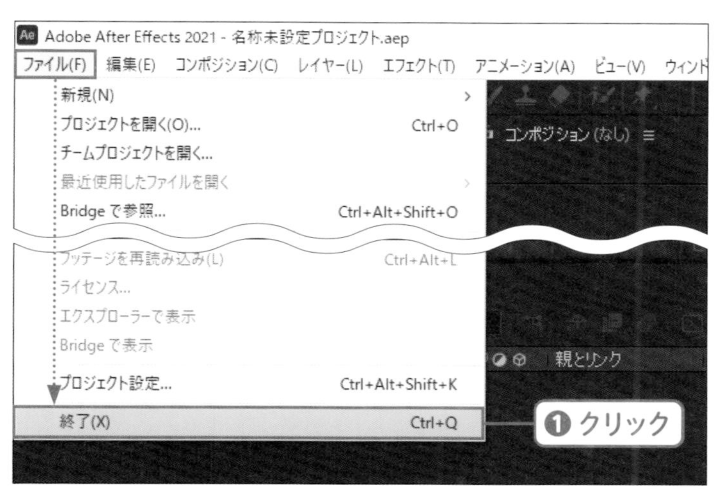

1 [終了]を選択する

[ファイル]メニュー→[終了]の順にクリックします❶。

MEMO

次のレッスンでは作業画面について学びます。もう一度After Effectsを起動し、手順1～4の参考にプロジェクトを作成しておきましょう。

● Macで起動する

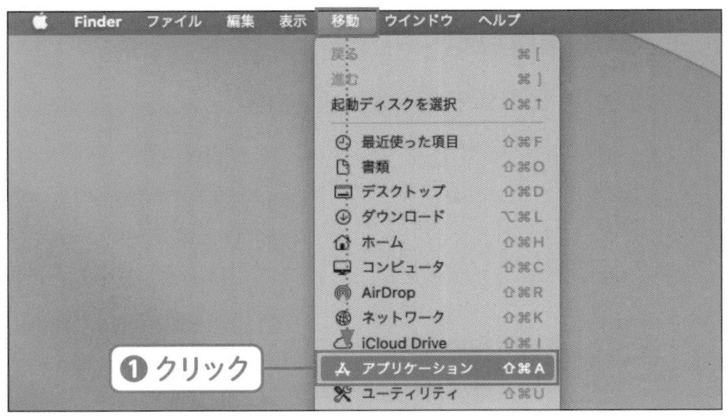

1 [アプリケーション]を選択する

Finderの[移動]メニュー→[アプリケーション]の順にクリックします❶。

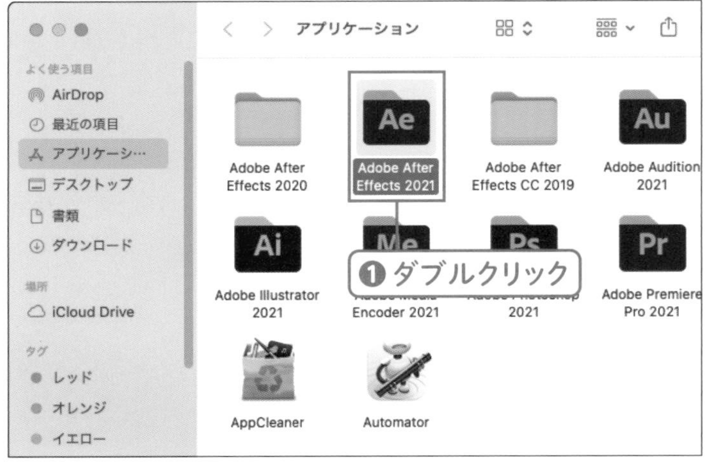

2 [アプリケーション画面]が表示される

アプリケーション画面が表示されます。[Adobe After Effects 2021]フォルダーをダブルクリックします❶。

MEMO

「2021」のところは、バージョン名です。バージョンによって異なります。

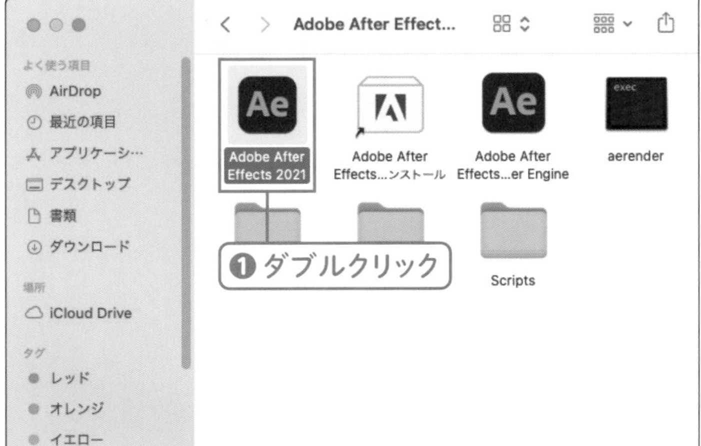

3 [After Effects]フォルダーが表示される

フォルダーの内容が表示されるので、[Adobe After Effects 2021]をダブルクリックします❶。

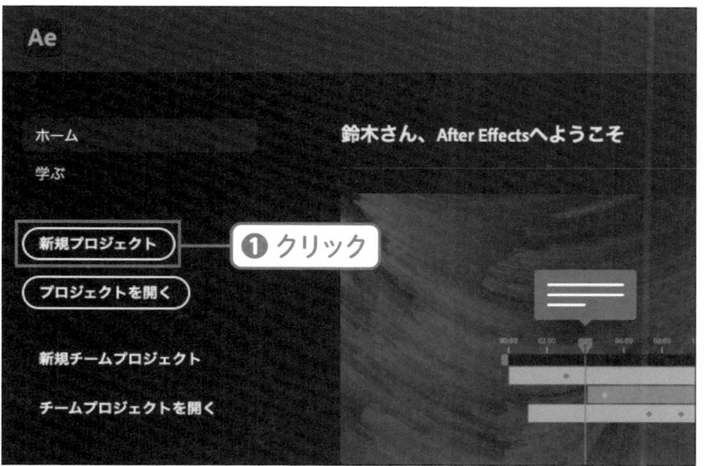

4 After Effectsが起動する

After Effectsが起動し、スタートアップスクリーン画面が表示されます。[新規プロジェクト]をクリックします❶。

MEMO

ここでこの画面を閉じても、新規プロジェクトが作成された状態で作業を開始できます。After Effectsを起動すると自動的にプロジェクトが作成されます。

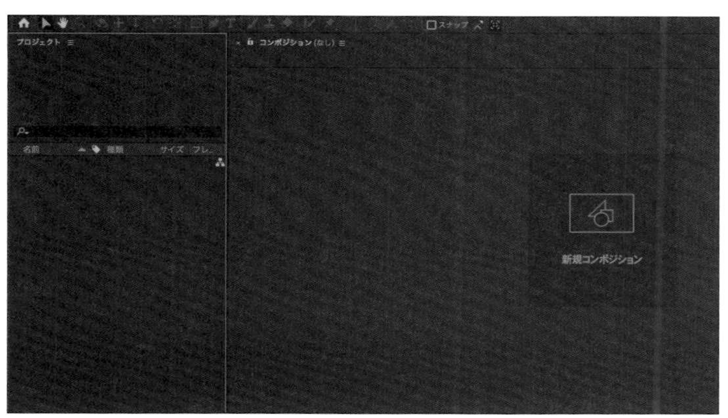

5 [新規プロジェクト]が作成される

スタートアップスクリーン画面が閉じられて、作業画面が表示されます。新規プロジェクトが作成されました。

● Macで終了する

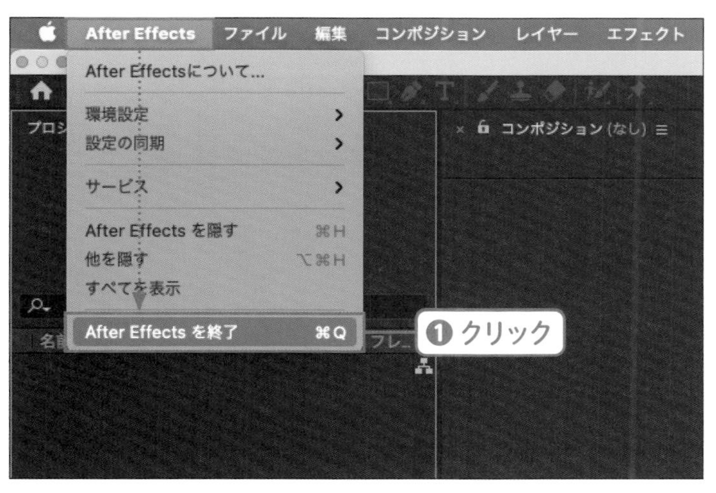

1 [終了]を選択する

[After Effects]メニュー→[After Effectsを終了]の順にクリックします❶。

MEMO

次のレッスンでは作業画面について学びます。もう一度After Effectsを起動し、手順1～5を参考にプロジェクトを作成しておきましょう。

Lesson

03

画面を知ろう

ここでは、After Effectsを起動して表示される画面の構成について解説します。CC以降の各バージョン、およびWindowsとMacで異なる部分もありますが、画面構成はほぼ同じです。

練習ファイル　なし
完成ファイル　なし

After Effects 2021の操作画面

❶ メニューバー

作業別に分けられた各項目があります。保存や環境設定などの設定項目、エフェクトやレイヤーなどの作成に関連するメニューが用意されています。

❷ [ツール] パネル

選択、カメラ、パス、描画関連の編集で使用する頻度の高いツールが用意されています。右下に◪のあるツールは関連ツールが複数あります。それらのツールは長押しすると関連ツールが表示されるので、クリックして切り替えます。

❸ [プロジェクト] パネル

After Effectsに読み込んだ素材の倉庫のような役割を持つパネルです。After Effectsで編集した映像を構成するコンポジションや素材(動画、静止画ファイル)が表示されます。

❹ [エフェクトコントロール] パネル

各レイヤーに適用したエフェクト内容を設定、変更するためのパネルです。初期設定では非表示なのでP.26を参考に表示しましょう。

❺ [コンポジション] パネル

作業しているコンポジションの内容がプレビュー表示されます。パネルの下側にはプレビュー表示の拡大縮小や解像度、グリッドの有無などに関するツールが用意されています。

❻ [タイムライン] パネル

コンポジションに配置した素材を編集するためのパネルです。[プロジェクト]パネルに読み込んだ素材を[タイムライン]パネルに配置して、アニメーションやレイヤーの管理などに利用します。また、パネルの中央上の部分にコンポジション全体を制御するボタンがあり、モーションブラーやシャイ、グラフエディターなどに切り替えられます。

❼ レイヤー

[タイムライン]パネルに配置された素材をレイヤーと呼びます。各レイヤーにアニメーションやエフェクトなどを設定します。

❽ プロパティ

レイヤーの基本設定です。位置やスケールの設定をするトランスフォームやエフェクトの確認、変更ができます。

❾ 現在の時間インジケーター

タイムグラフ上で時間の操作をするためのツールです。[タイムライン]パネルの左上や[情報]パネルなどに[現在の時間インジケーター]のある位置(フレーム数など)が表示されます。▼部分をドラッグすることで移動できます。

❿ キーフレーム

レイヤーのプロパティを開くと、設定したアニメーションを示す目印としてタイムグラフに表示されます。各プロパティを利用してキーフレームの追加や数値の変更をします。

⓫ タイムグラフ

[タイムライン]パネルの右側の時間軸部分をタイムグラフといいます。[現在の時間インジケーター]やキーフレームなどの時間を移動させ、アニメーションを設定するために使います。

⓬ [情報] パネル

[現在の時間インジケーター]の位置や選択中のレイヤーのデュレーションなどの内容が表示されます。

⓭ [プレビュー] パネル

作業中のコンポジションの動画やアニメーションを再生するための設定をするパネルです。

Lesson

04 作業しやすくしよう

After Effectsはすべてのパネルを表示すると作業がしにくいため、使用頻度の高いパネルを表示し、新規のワークスペースとして保存します。本書では、このワークスペースをもとに解説を行います。

練習ファイル なし
完成ファイル なし

●パネルを表示・移動する

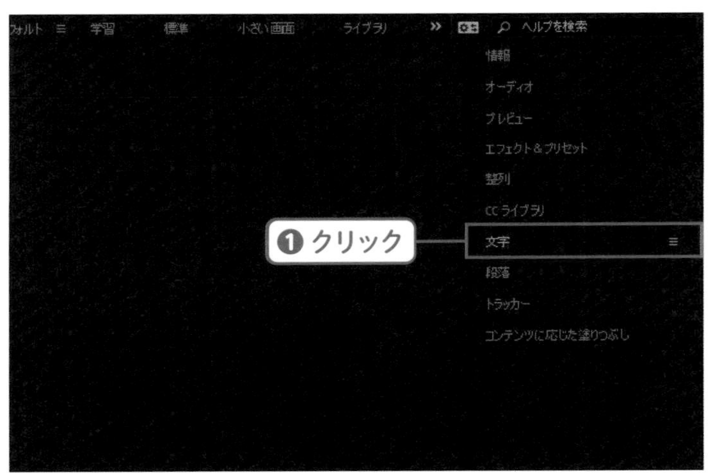

1 ［文字］パネルを表示する

［コンポジション］パネルの右側のスペースには、［オーディオ］パネルや［整列］パネルなどが並んでいます。ここでは［文字］パネルを表示してみましょう。［文字］パネルをクリックします❶。

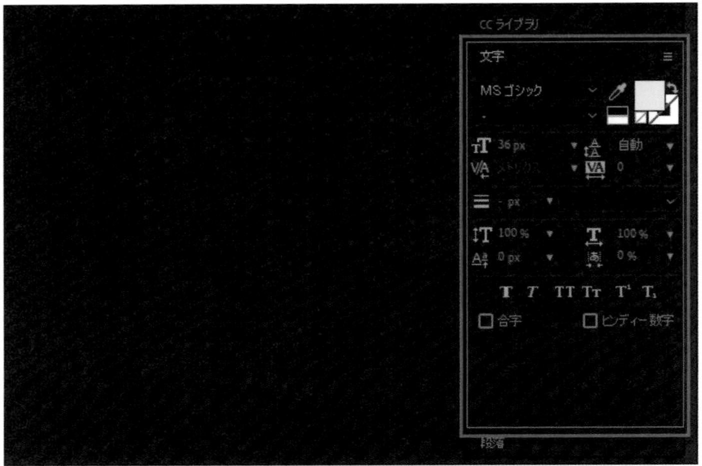

2 ［文字］パネルが表示される

［文字］パネルが開き、表示されます。

MEMO

ここでは、初期設定のワークスペース［デフォルト］が選択された状態で解説しています。

3 パネルをドラッグする

作業しやすいようにパネルを移動します。[文字]パネルの上部分をクリックし、[タイムライン]パネルの右側までドラッグします❶。

MEMO

After Effectsはパネルを自由に再配置できます。ここでは[タイムライン]パネルの右側としています。

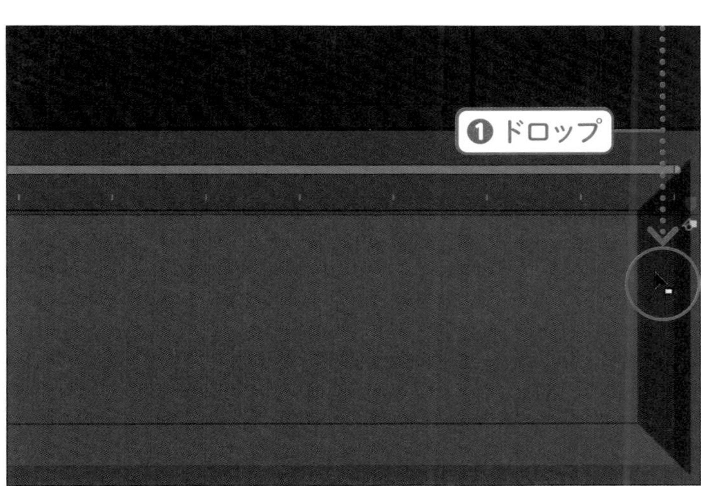

4 パネルを連結する

パネルをドラッグすると、パネル連結のガイドがパネルの上下左右に表示されます。[タイムライン]パネルの右側に移動するとガイドの一部が青く表示されるので、そのまま連結するようにドロップして❶、配置しましょう。

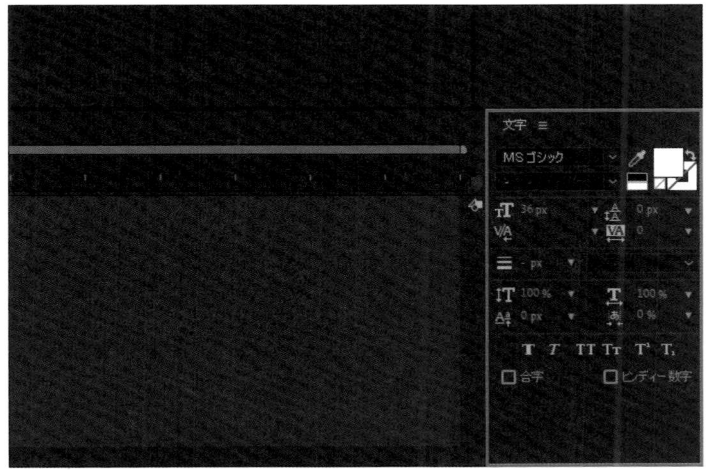

5 パネルが移動する

[文字]パネルが移動し、[タイムライン]パネルの横に独立して表示されるようになりました。

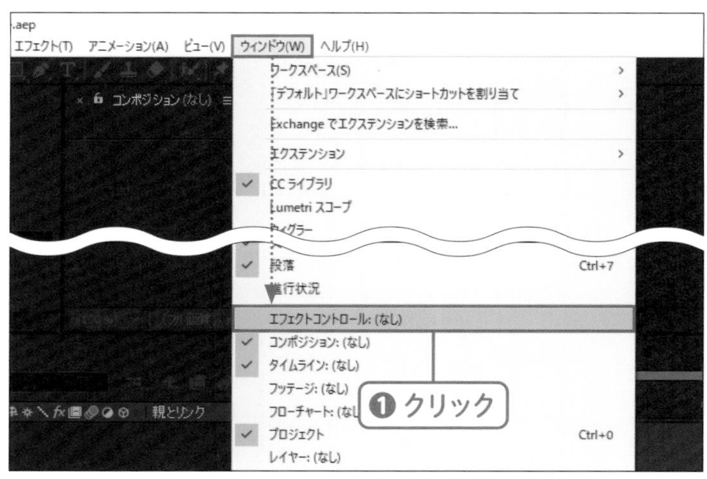

6 [エフェクトコントロール] パネルを選択する

頻繁に使う［エフェクトコントロール］パネルを表示します。［ウィンドウ］メニュー→［エフェクトコントロール］の順にクリックします❶。

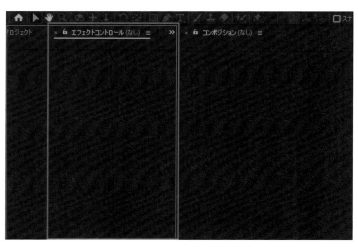

7 [エフェクトコントロール] パネルが表示される

［エフェクトコントロール］パネルが［プロジェクト］パネルのスペースに表示されました。

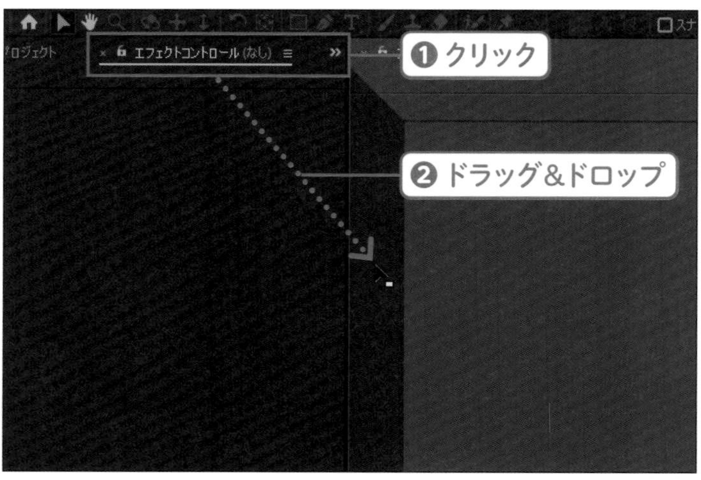

8 [エフェクトコントロール] パネルを移動する

［エフェクトコントロール］パネルの上部分をクリックし❶、［コンポジション］パネルの左側にドラッグ＆ドロップします❷。

MEMO

［プロジェクト］パネルも［エフェクトコントロール］パネルも頻繁に使うものなので、手順8のようにパネルを分けておくことをおすすめします。

●タイムグラフをフレーム数表示にする

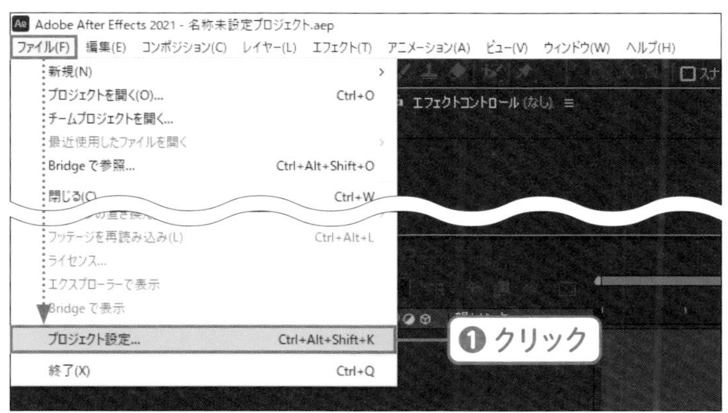

1 ［プロジェクト設定］を選択する

タイムグラフとは、［タイムライン］パネル右側の時間軸部分のことです。この数字の時間単位を秒単位から、1秒を30枚に分割したフレーム単位の表記に変更します。［ファイル］メニュー→［プロジェクト設定］の順にクリックします❶。

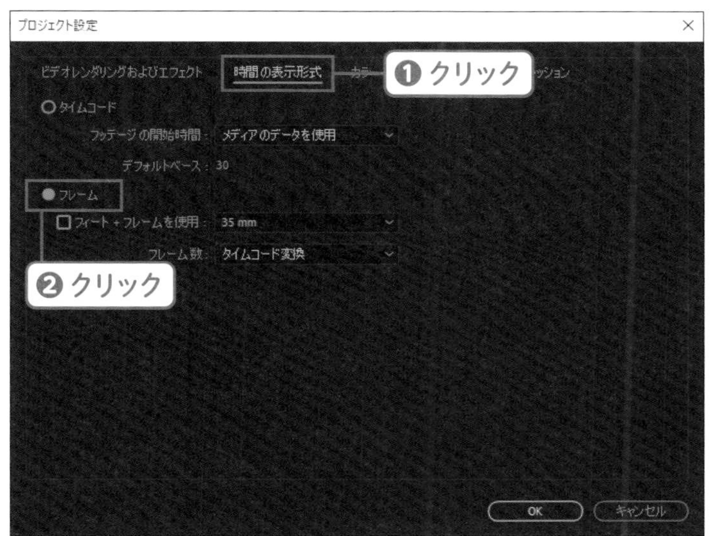

2 ［プロジェクト設定］画面で設定する

［プロジェクト設定］画面が表示されるので、［時間の表示形式］タブをクリックし❶、［フレーム］をクリックして❷、有効にします。

MEMO

動画では、1秒間を何枚の静止画で構成するかというフレームレートの概念が重要です。一般的には1秒は30枚の静止画で構成されます。

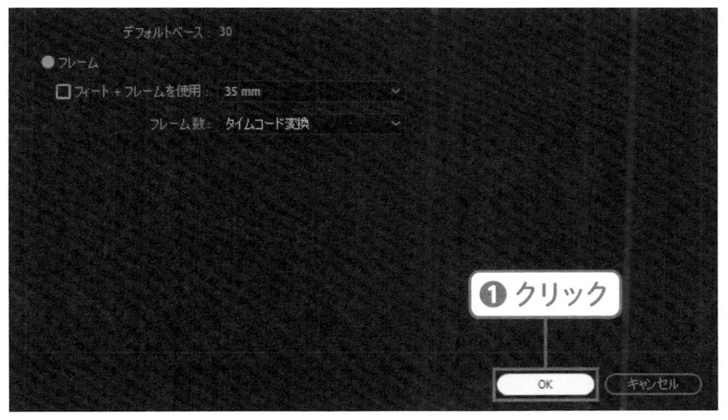

3 ［プロジェクト設定］画面で設定して画面を閉じる

［OK］をクリックし❶、［プロジェクト設定］画面を閉じます。

●変更したワークスペースを保存する

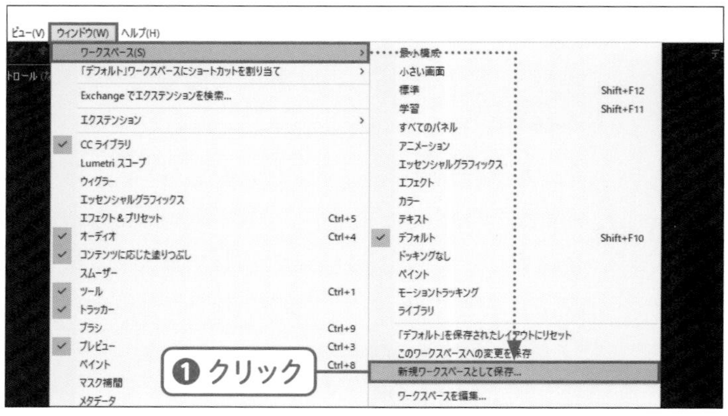

1 新規ワークスペースとして保存する

［ウィンドウ］メニュー→［ワークスペース］→［新規ワークスペースとして保存］の順にクリックします❶。

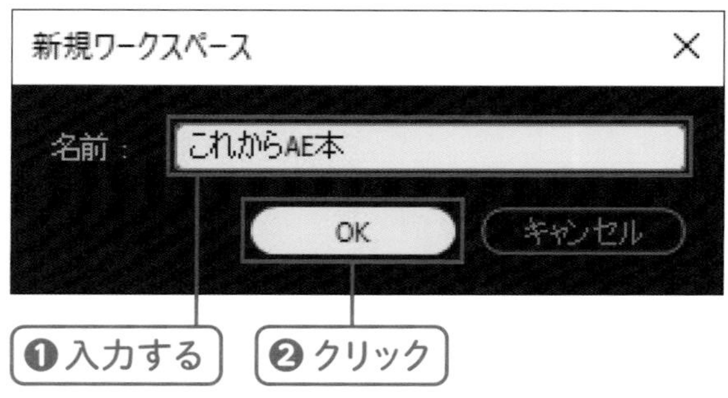

2 ［新規ワークスペース］画面で設定する

［新規ワークスペース］画面が表示されるので、［名前］に「これからAE本」と入力し❶、［OK］をクリックすると❷、ワークスペースが保存されます。

MEMO

［ウィンドウ］メニュー→［ワークスペース］の順にクリックして、任意のワークスペースをクリックすると、ワークスペースを切り替えることができます。

Check！ ワークスペースとして保存について

新規ワークスペースとして保存すると、自動でそのとき選択しているワークスペースにも保存されます。つまり、ここでは［デフォルト］のワークスペースも、「これからAE本」と同じ構成のワークスペースになります。もともとの［デフォルト］ワークスペースにリセットしたい場合は、［ウィンドウ］メニュー→［ワークスペース］→［「デフォルト」を保存されたレイアウトにリセット］を選択すると、自動保存される前のワークスペースに戻ります。

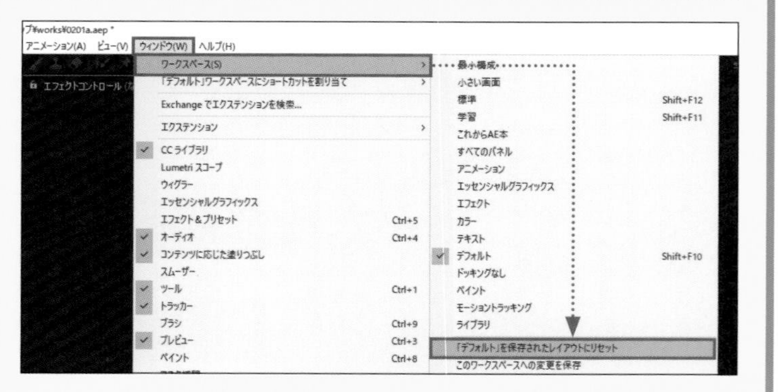

● ワークスペースを切り替える

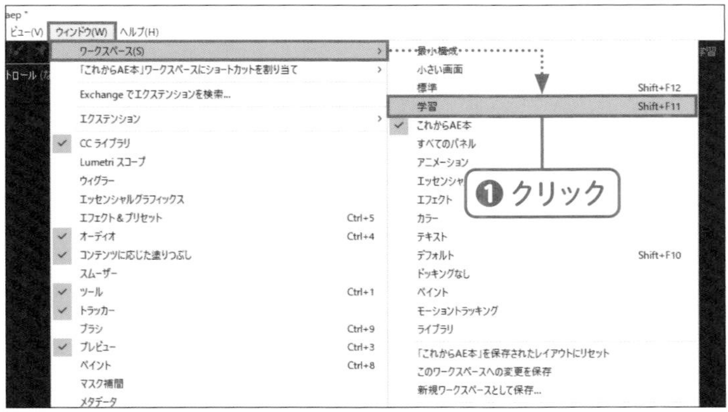

1 ワークスペースを選択する

ワークスペースを変更してみましょう。ここでは[学習]に変更してみます。[ウィンドウ]メニュー→[ワークスペース]→[学習]の順にクリックすると❶、[学習]ワークスペースに変更されます。今後は「これからAE本」ワークスペースで作業を行いますので、同じ手順で戻しておきましょう。

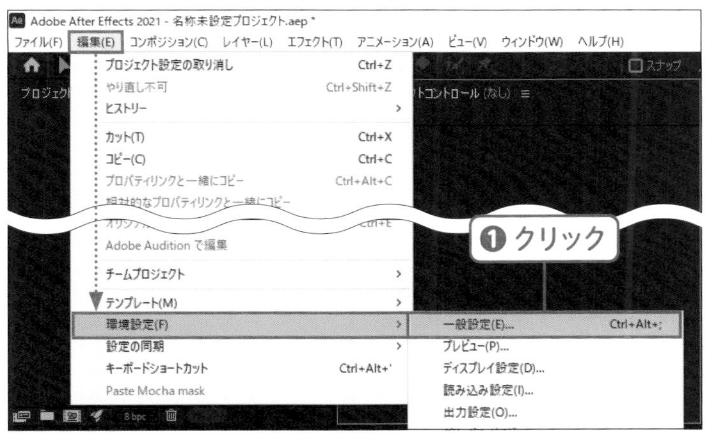

2 [環境設定]画面を表示する

After Effectsには自動でアニメーションを補間する機能があります。少々癖がある機能のため、はじめの内は「リニア」に設定することをおすすめします。[編集](Macは[After Effects])メニュー→[環境設定]→[一般設定]の順にクリックします❶。

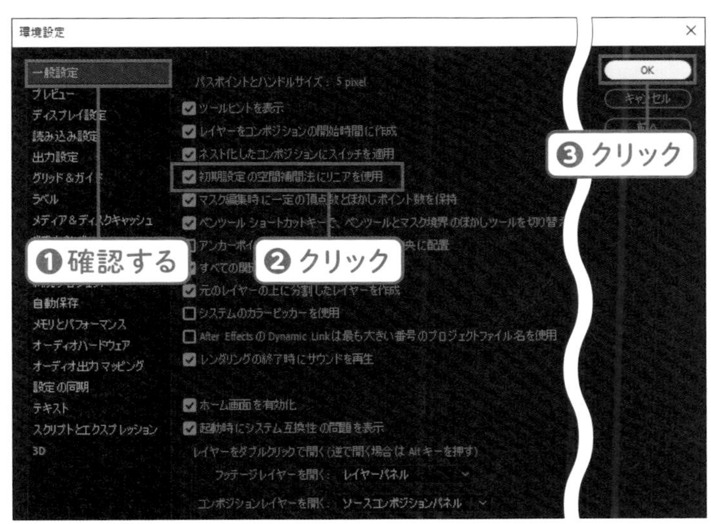

3 [環境設定]画面で設定する

[環境設定]画面が表示されるので、[一般設定]が選択されていることを確認します❶。「初期設定の空間補間法にリニアを使用」をクリックして❷、チェックを入れて、[OK]をクリックします❸。

MEMO

この設定は、即座になにか効果があるものではありませんが、アニメーションを制作する際によく起こるエラーを回避する設定になります。

Lesson 05

ファイルを読み込もう

練習ファイル　なし
完成ファイル　なし

ここでは、After Effectsでデータやファイルを読み込む手順を解説します。本格的にアニメーションを作成するときによく行う操作なので、覚えておきましょう。

ファイルを読み込む

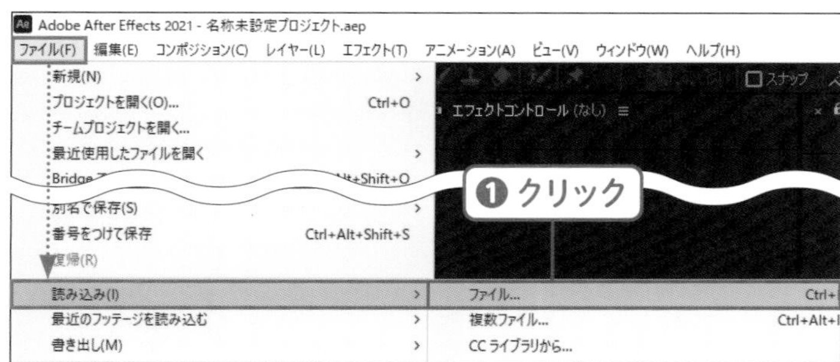

1 ［ファイルの読み込み］画面を表示する

［ファイル］メニュー→［読み込み］→［ファイル］の順にクリックします❶。

❶ クリック
❷ 確認する
❸ クリック

2 読み込むファイルを選択する

［ファイルの読み込み］画面が表示されるので、P.8でダウンロードした練習フォルダー「WORK」→「img01」フォルダー内の「img_02_01.jpg」をクリックし❶、シーケンスオプションの［Importer JPEGシーケンス］にチェックが入っていないことを確認して❷、［読み込み］（Macは［開く］）をクリックします❸。

MEMO

［ImporterJPEGシーケンス］にチェックが入った状態で読み込むと、拡張子（.jpg、.pngなど）直前の番号を参考に連番素材（シーケンス）として作成されます。

● 読み込んだファイルを整理する

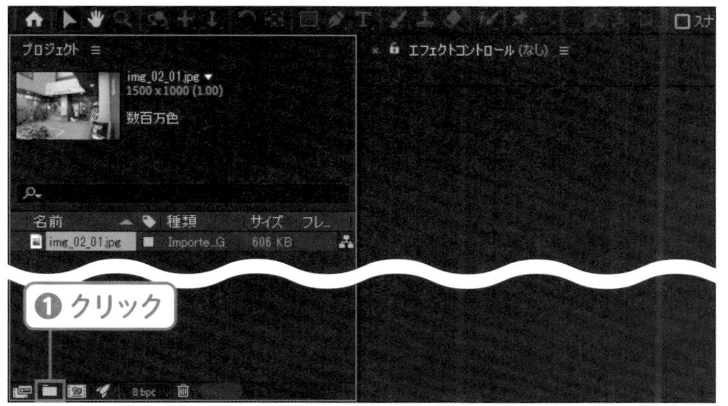

1 新規フォルダーを作成する

［プロジェクト］パネル下部にある［新規フォルダーを作成］をクリックします❶。

2 フォルダー名を変更する

新規フォルダーが作成されます。名前が変更できるので、「img01」と入力して❶、Enter（Macはreturn）キーを押します❷。

MEMO

フォルダー名は後からでも変更できます。フォルダーをクリックで選択した状態でEnter（Macはreturn）キーを押すと、編集可能となります。

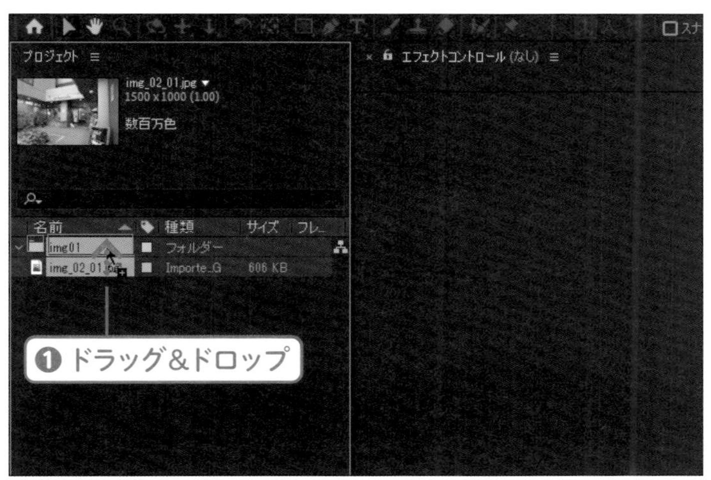

3 静止画素材をフォルダーにまとめる

読み込んだ静止画素材「img_02_01.jpg」を「img01」フォルダーにドラッグ&ドロップします❶。

● 複数のファイルを読み込む

1 複数のファイルを選択する

「WORK」→「img01」フォルダーを開き、「img_02_01.jpg」以外のすべてのファイルを選択します❶。

MEMO

Shift キーを押しながら、選択すると複数のファイルを選択できます。

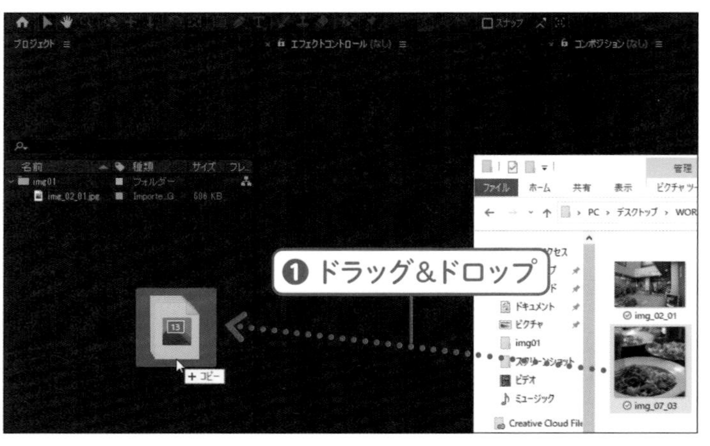

2 [プロジェクト]パネルでまとめて読み込む

選択された複数のファイルを、[プロジェクト]パネルに向けてドラッグ&ドロップします❶。

3 [プロジェクト]パネルにファイルが読み込まれる

[プロジェクト] パネルで確認できました。

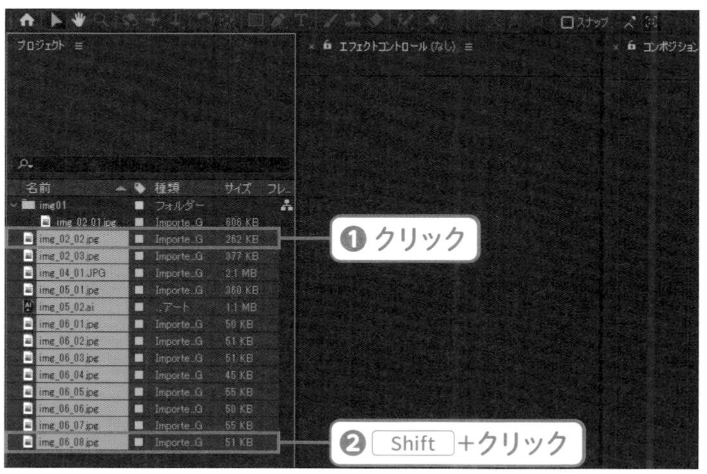

4 読み込んだ素材をすべて選択する

読み込んだ静止画素材「img_02_02.jpg」をクリックし❶、「img_06_08.jpg」を Shift キーを押しながらクリックして❷、複数選択します。

5 選択した素材をまとめる

「img01」フォルダーにドラッグ＆ドロップします❶。

MEMO

読み込んだ時点で灰色にハイライトしている場合は、選択されている状態なので、そのまま「img01」フォルダーにドラッグ＆ドロップできます。

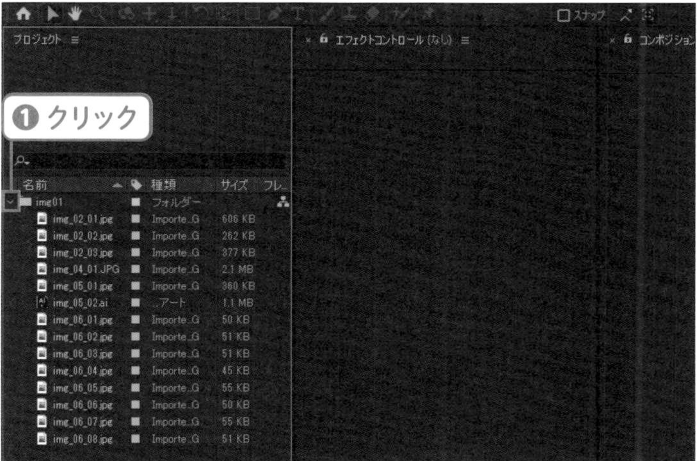

6 確認する

「img01」フォルダー左隣の ❯ をクリックし❶、フォルダーに格納されているか確認します。

Lesson 06

コンポジションを作成しよう

ここでは、動画編集・加工を行う際に必須のコンポジションの作成方法を学びます。

練習ファイル　なし
完成ファイル　なし

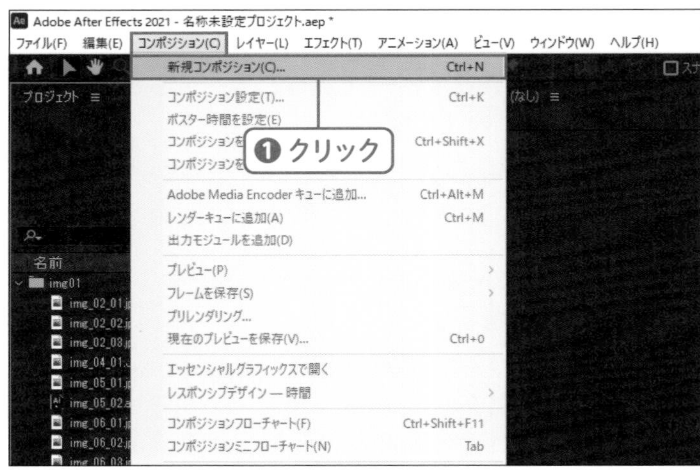

1 [新規コンポジション]を選択する

[コンポジション]メニュー→[新規コンポジション]の順にクリックします❶。

MEMO

コンポジションについては、P.36で詳しく解説しています。

2 [コンポジション設定]画面で設定する

[コンポジション設定]画面が表示されるので、以下のように設定します❶。

幅	1280
高さ	720
フレームレート	30
解像度	フル画質
開始フレーム	00000
デュレーション	00151

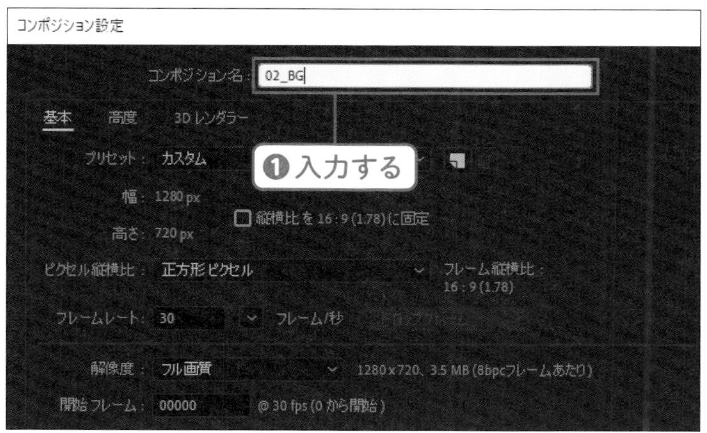

3 ［コンポジション名］を変更する

［コンポジション設定］画面の［コンポジション名］に「02_BG」と入力します❶。

4 ［コンポジション設定］画面を閉じる

［背景色］が［ブラック］になっていることを確認し❶、［OK］をクリックして❷、［コンポジション設定］画面を閉じます。

MEMO

［背景色］が［ブラック］になっていない場合は、［背景色］をクリックして＃の値を「000000」に変更し、［OK］をクリックして変更します。

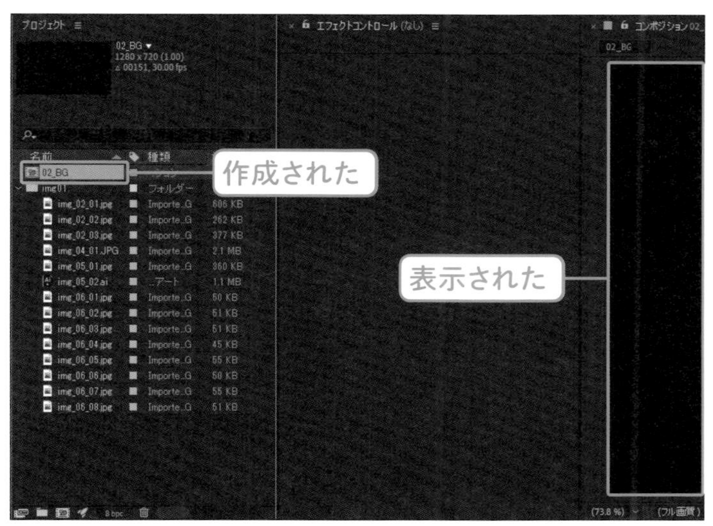

5 コンポジションが作成される

［プロジェクト］パネルにコンポジション「02_BG」が作成され、［コンポジション］パネルのビューに［コンポジション設定］画面で設定した内容が表示されます。

MEMO

［コンポジション］メニュー→［コンポジション設定］の順にクリックすることで、再び［コンポジション設定］画面を開くことができます。

●[コンポジション]とは

コンポジションとは、動画編集・加工をする作業場です。1つのプロジェクトの中に複数のコンポジションを作成できることが特徴で、カットや要素などを個別にまとめることができます。作成された[コンポジション]は、[プロジェクト]パネルから開くことができ、いつでも編集可能です。開かれた[コンポジション]は、[タイムライン]パネルの[コンポジション]タブをクリックすることで切り替えることができます。

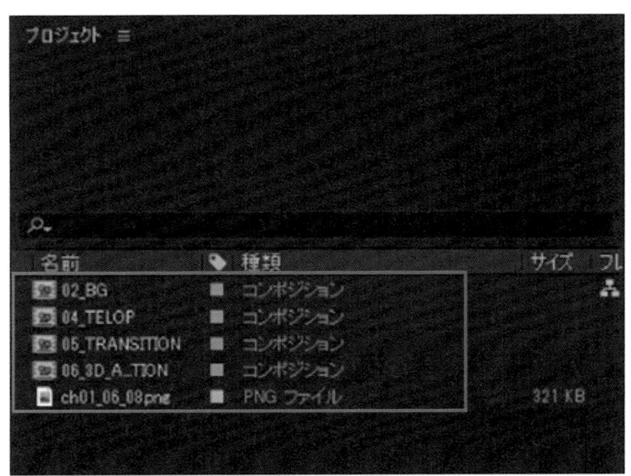

コンポジションを作成すると、[プロジェクト]パネルにこのように表示されます。

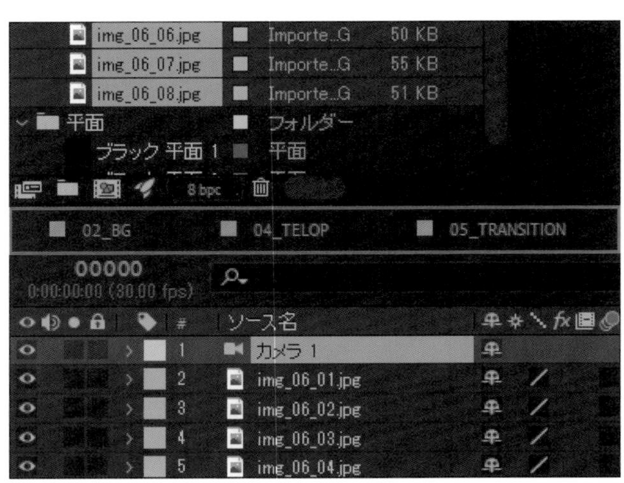

コンポジションは複数開いておくことができて、タイムライン上部のタブで切り替えることができます。

プロジェクト[プロジェクト]パネルで、コンポジションを選択すると、コンポジション設定で設定した内容が表示されます。

このアイコンをクリックしても新規コンポジションが作成されます。

●［コンポジション設定］画面の内容

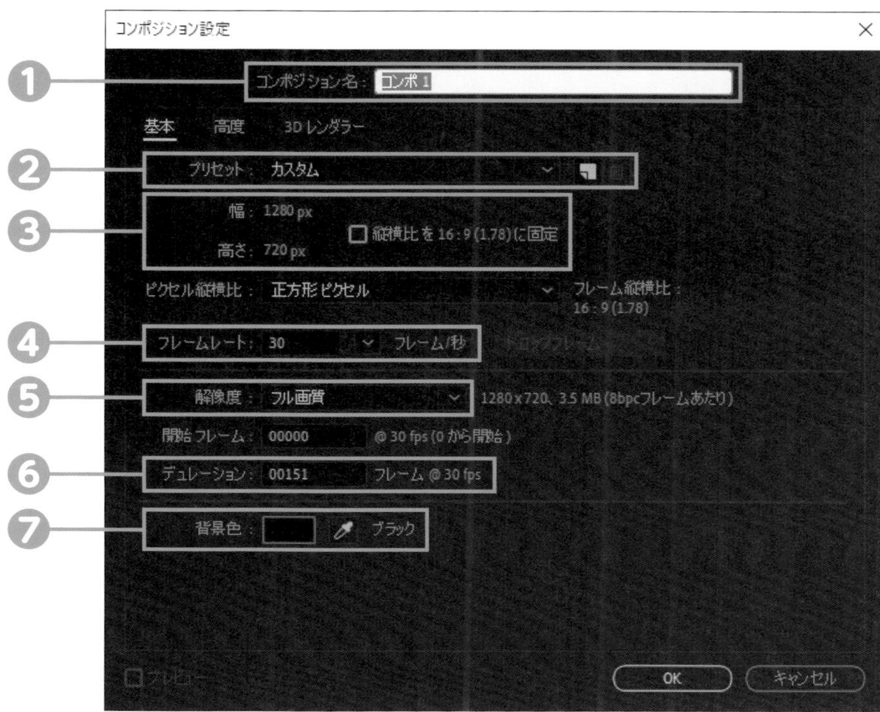

❶ コンポジション名

コンポジションの名前を設定します。編集作業に合わせた名前を付けます。

❷ プリセット

動画サイズの設定をします。一般的に画面解像度と呼ばれている数値です。After Effectsには複数のプリセットが用意されていますが、カスタムで任意の画面サイズを設定することもできます。

❸ 縦横比（幅:高さ）

画面サイズの比率を設定します。近年の映像制作の現場では、「16：9」が一般的です。

❹ フレームレート

1秒間のフレーム数を設定します。一般的には1秒間30フレームです。テレビ放送では「29.97」という数値が使われることがあります。

❺ 解像度

［コンポジション］パネルのプレビュー画面での解像度を設定します。大きい動画の場合、作業が重くなるため解像度を下げて作業することもあります。設定後でも［コンポジション］パネルで変更することができます。

❻ デュレーション

動画全体の長さを設定します。日本では「尺」ということもあります。

❼ 背景色

コンポジションの背景色を設定します。動画ファイルにはアルファ（透明部分）を持つ形式と持たない形式があり、持たない形式を動画に書き出した場合、透明部分が自動で背景色に補完されます。今回は透明部分を残さないので好きな色を設定してよいですが、黒や灰色が作業しやすいでしょう。

Lesson 07

プロジェクトを保存しよう

練習ファイル　なし
完成ファイル　なし

作成した動画やアニメーションをAfter Effectsファイル（.aep）として保存する方法を学びます。ここでは、これまでに作成してきたプロジェクトの保存を行います。

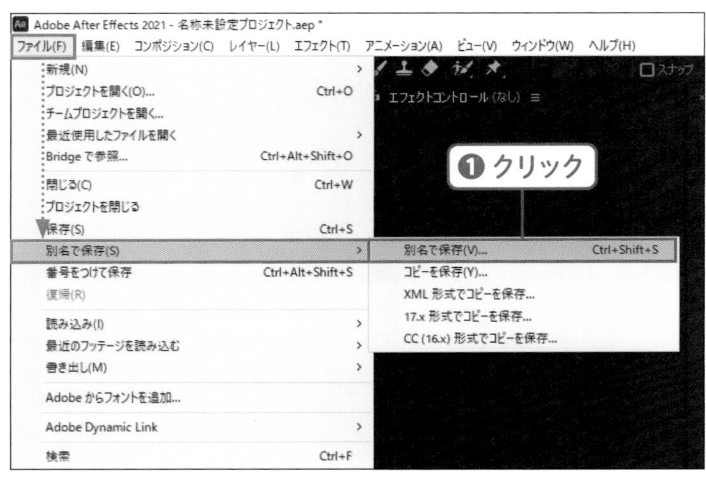

1 ［別名で保存］を開く

［ファイル］メニュー→［別名で保存］→［別名で保存］の順にクリックし❶、［別名で保存］画面を開きます。

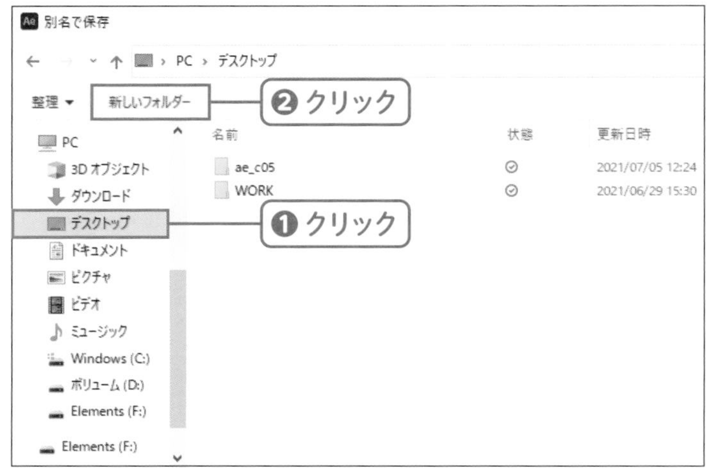

2 フォルダーを作成する

［デスクトップ］をクリックし❶、［新しいフォルダー］をクリックして❷、フォルダーを作成します。

MEMO

Macの場合は、［新規フォルダ］をクリックします。

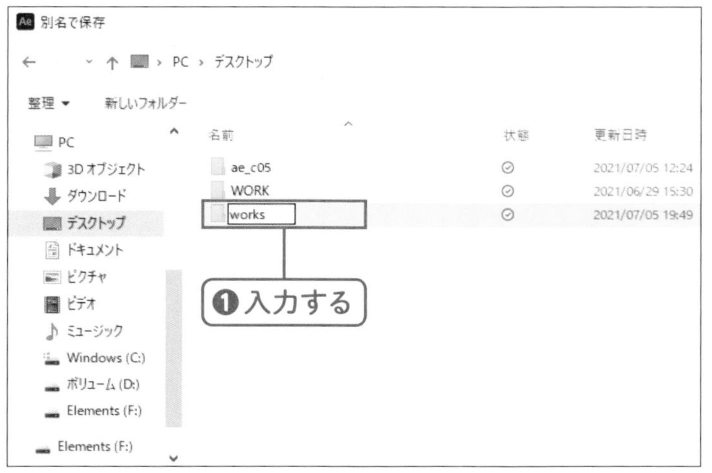

3 フォルダー名を変更する

フォルダー名に「works」と入力し❶、フォルダー名を確定します。

MEMO

Macの場合は、フォルダ名を入力して、[作成] ボタンをクリックします。

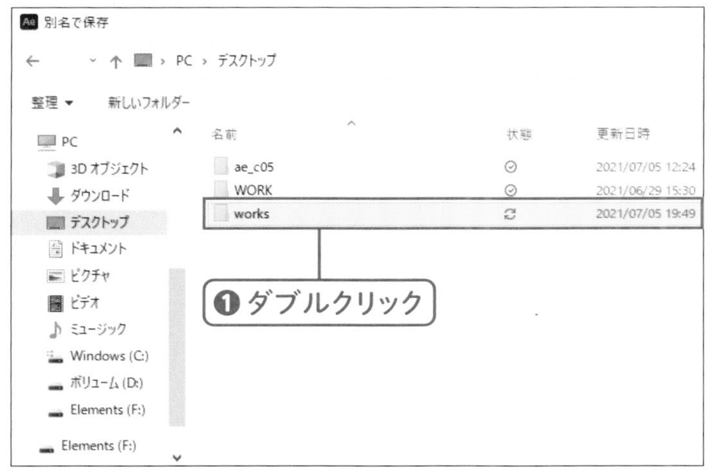

4 作成したフォルダーを開く

作成した「works」フォルダーをダブルクリックし❶、「works」フォルダーを開きます。

MEMO

本書では、デスクトップに作成した「works」フォルダーに保存をしながら制作を行います。各節、章の終わりには必ず保存を行うようにしましょう。

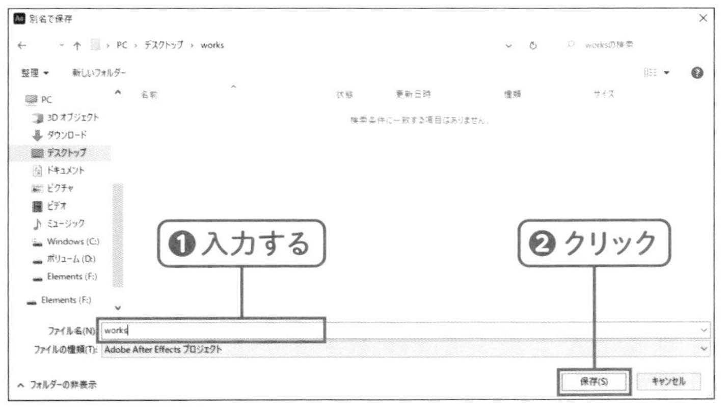

5 保存する

ファイル名（Macは「名前」）に「works」と入力し❶、[保存] をクリックして❷、ファイルとして保存をします。

MEMO

デスクトップに作成された「works」フォルダーをダブルクリックして開き、「works.aep」ファイルが保存されていることを確認しましょう。

Column

プロジェクトの開き方

プロジェクトの開き方を解説します。

▶［プロジェクトを開く］を選択する

After Effectsを起動し、［ファイル］メニュー→［プロジェクトを開く］の順にクリックします❶。

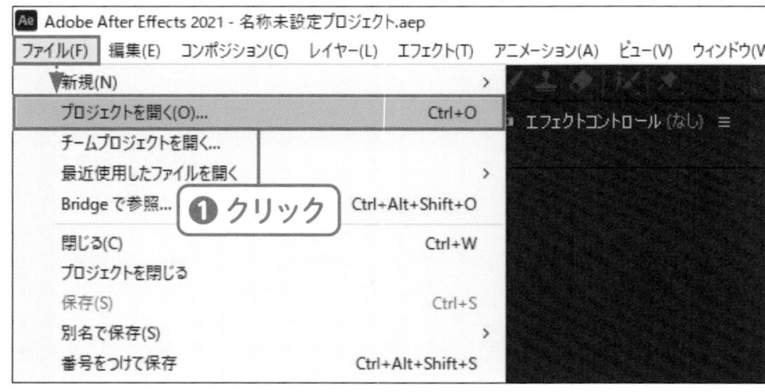

▶ファイルを選択する

［開く］画面が表示されるので、プロジェクトファイルが保存されている場所を開き、ファイルをクリックして❶、［開く］をクリックします❷。

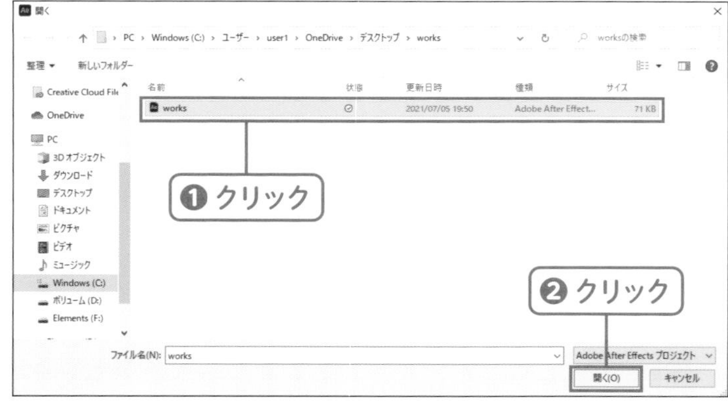

▶プロジェクトが開く

プロジェクトが開き、編集を行うことができます。

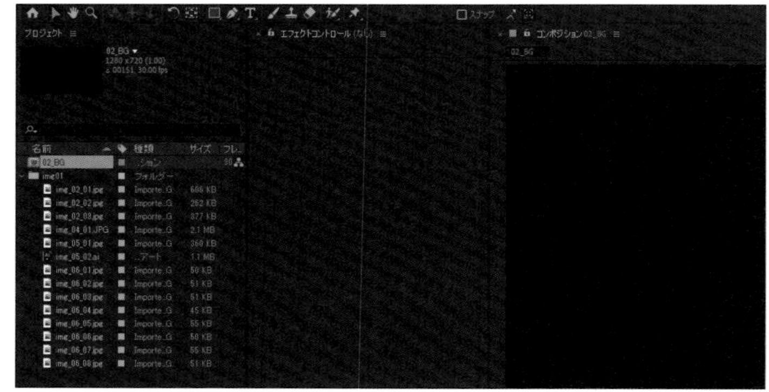

Chapter

背景を作ろう

第2章では、作成したコンポジションに素材を配置して簡単なアニメーションを作成します。まずは基本的なアニメーションを作りながら、After Effectsを始めてみましょう。

Visual Index | Chapter 2

背景を作ろう

完成イメージ

この章のポイント

この章では、アニメーションを作成しながらキーフレームの基本を学びます。After Effectsにあらかじめ用意されているエフェクトを利用することで、簡単に画像に質感を付けることができます。

POINT 1 画像を配置する

動画を作成する前の準備を行います。1章で読み込んだ画像ファイルを、表示する順番通りに配置します。

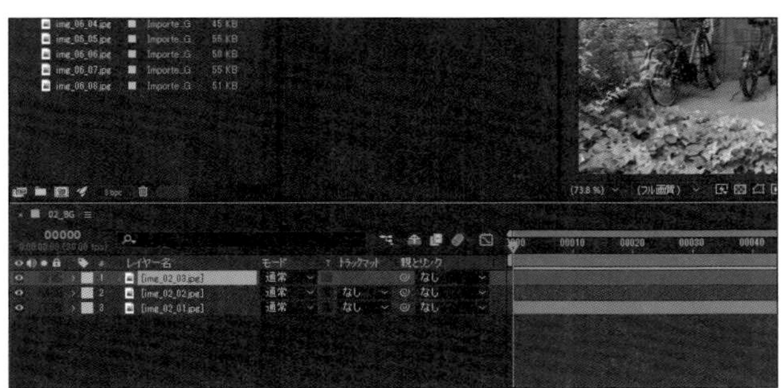

→ P.44

POINT 2 画像をアニメーションさせる

キーフレームを追加して、画像を動かします。

→ P.52

POINT 3 背景をぼやかせる

ここでは背景を作るので、エフェクトを利用してぼやかします。背景をぼやかせることで、以降のChapterで作成する文字デザインなどを目立たせる狙いがあります。

→ P.60

POINT 4 画像に質感を追加する

エフェクトを利用して画像に質感を追加することで、異なる複数の画像に対して、背景としての統一感を持たせる狙いがあります。

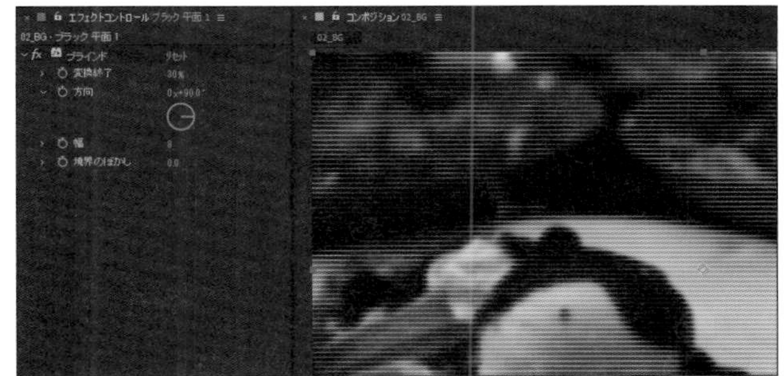

→ P.64

Lesson 01

タイムラインに配置しよう

練習ファイル 0201a.aep
完成ファイル 0201b.aep

読み込んだ素材はタイムラインに配置することで、[コンポジション] パネルに内容が表示され、編集可能になります。

●「img_02_01.jpg」レイヤーを配置する

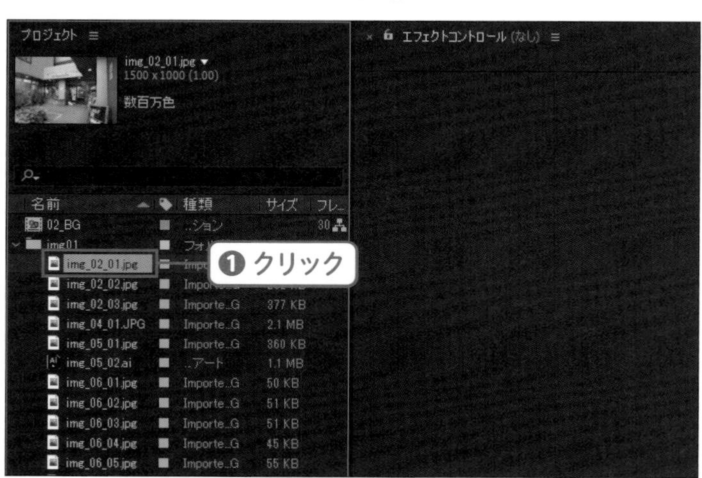

1 [プロジェクト] パネルで選択する

[プロジェクト] パネルで「img_02_01.jpg」をクリックして❶、選択します。

2 [タイムライン] パネルにドロップする

選択した「img_02_01.jpg」を「タイムライン」パネルにドラッグ&ドロップします❶。

3 ［コンポジション］パネルで確認する

［タイムライン］パネルに配置すると、「img_02_01.jpg」はレイヤーとなり、［コンポジション］パネルに内容が表示されます。

4 ［現在の時間インジケーター］を移動する

「img_02_01.jpg」レイヤーは00000から00050まで表示するように調整していきます。［現在の時間インジケーター］を「00051」フレームまでドラッグします❶。

MEMO

［タイムライン］パネルの左上に現在のフレームの位置が表示されています。「00000」のようにフレーム数表示になっていない場合は、P.27を参照して表示設定を変更しましょう。

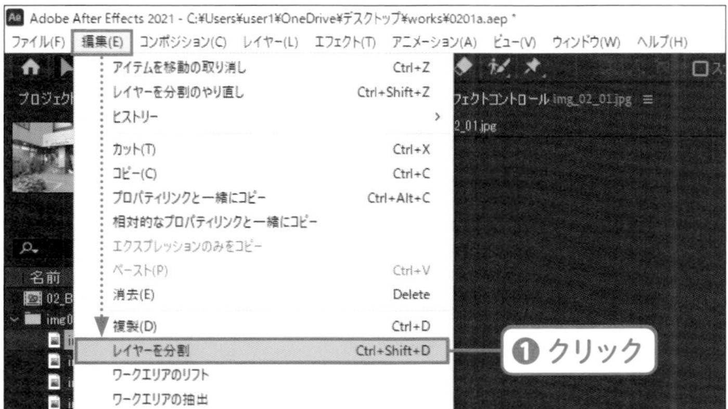

5 レイヤーを分割する

「編集」メニュー→［レイヤーを分割］の順にクリックします❶。

6 ［タイムライン］パネルで確認する

「img_02_01.jpg」レイヤーが#1と#2の2つに分割されました❶。［現在の時間インジケーター］の位置でレイヤーが分割されたことを確認します❷。

MEMO

レイヤー番号#1、#2…は、［タイムライン］パネルのソース名左隣に確認できます。コンポジション内でレイヤーが作成されるごとにレイヤー番号も増えていきます。

7 不要なレイヤーを削除する

［タイムライン］パネルで#1「img_02_01.jpg」レイヤーをクリックし❶、 Delete （Macは Back space ）キーを押して❷、削除します。

8 ［タイムライン］パネルで確認する

「img_02_01.jpg」レイヤーが「00051」フレームで短くトリミングされ、「00050」フレームまで表示されるようになりました。

MEMO

レイヤーが「51」フレームでトリミングされましたが、今回のコンポジション設定では「0」フレームも表示されるため、「50」フレームまでが［コンポジション］パネルに表示されます。

●「img_02_02.jpg」レイヤーを配置する

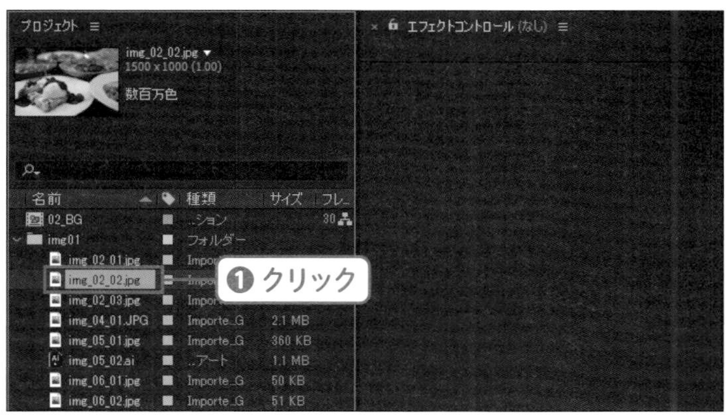

1 ［プロジェクト］パネルで選択する

［プロジェクト］パネルで「img_02_02.jpg」をクリックします❶。

2 ［タイムライン］パネルにドロップする

選択した「img_02_02.jpg」を「img_02_01.jpg」レイヤーの上に配置するように［タイムライン］パネルにドラッグ＆ドロップします❶。

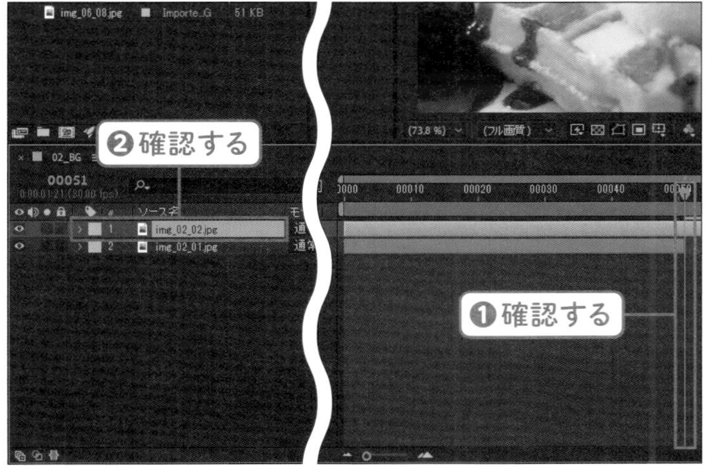

3 「img_02_02.jpg」レイヤーを選択する

「img_02_02.jpg」レイヤーは00051から00101まで表示するように調整していきます。［現在の時間インジケーター］が「00051」フレームにあることを確認し❶、［タイムライン］パネルで#1「img_02_02.jpg」レイヤーが選択されていることを確認します❷。

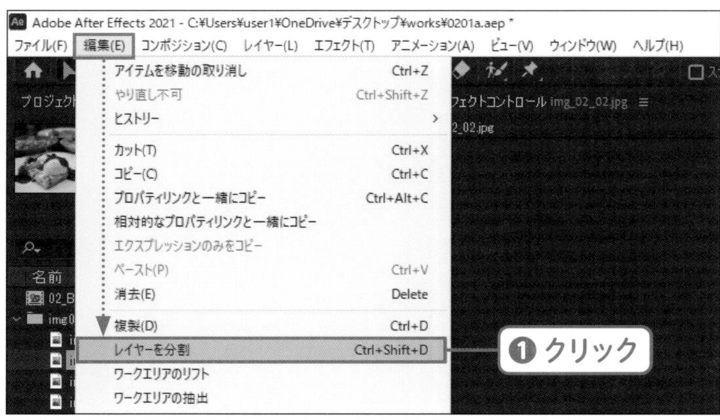

4 レイヤーを分割する

［編集］メニュー→［レイヤーを分割］の順にクリックします❶。

5 不要なレイヤーを削除する

［タイムライン］パネルを確認すると「img_02_02.jpg」レイヤーが2つに分割されました。「#2 img_02_02.jpg」レイヤーをクリックし❶、Delete（Macは Back space）キーを押して❷、削除します。

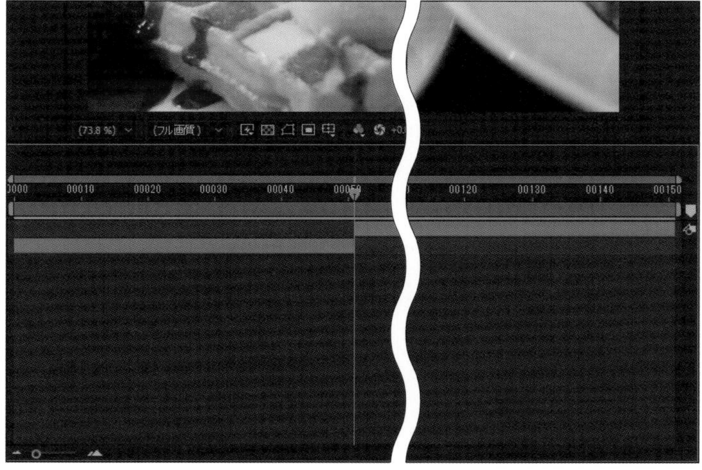

6 ［タイムライン］パネルで確認する

「img_02_02.jpg」レイヤーが「00051」フレームでトリミングされました。現状では、「img_02_02.jpg」レイヤーは00051フレームから00150フレームまで表示されています。

7 [現在の時間インジケーター]を移動する

[現在の時間インジケーター]を「100」フレームまでドラッグします❶。

8 ショートカットでトリミングする

「img_02_02.jpg」レイヤーをクリックし❶、Alt (Macは option) キーを押しながら、] キーを押します❷。

MEMO

このショートカットでは、現在の時間インジケーターの位置まで表示されるようなトリミングが行われます。「タイムライン」パネルでは「00101」フレームでトリミングが行われますが、「00100」フレームまでが「コンポジション」パネルに表示されます。

9 [タイムライン]パネルで確認する

「img_02_02.jpg」レイヤーが「00101」フレームでトリミングされ、00051フレームから00100フレームまで表示されるようになりました。

●「img_02_03.jpg」レイヤーを配置する

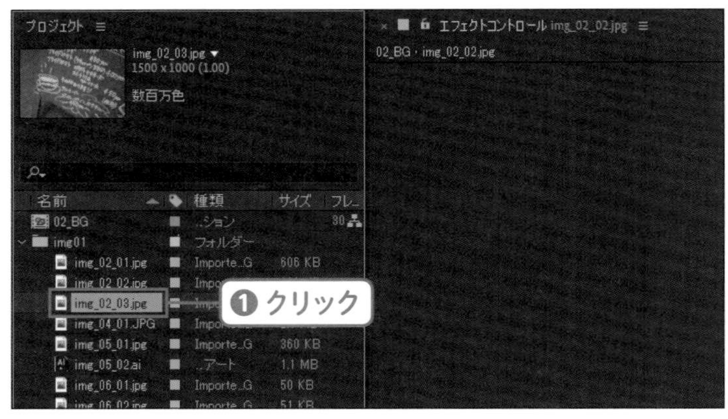

1 ［プロジェクト］パネルで選択する

［プロジェクト］パネルで「img_02_03.jpg」をクリックします❶。

2 ［タイムライン］パネルにドロップする

選択した「img_02_03.jpg」を「img_02_02.jpg」レイヤーの上に配置するように［タイムライン］パネルにドラッグ＆ドロップします❶。

3 ［現在の時間インジケーター］を移動する

「img_02_03.jpg」レイヤーは00101から00150まで表示するように調整していきます。［現在の時間インジケーター］を「00101」フレームまでドラッグして❶、移動します。

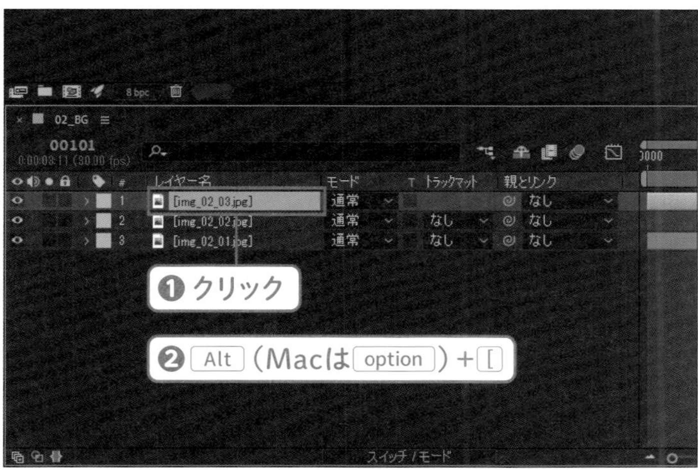

4 ショートカットでトリミングする

「img_02_03.jpg」レイヤーをクリックし❶、Alt（Macは option）キーを押しながら、[キーを押します❷。

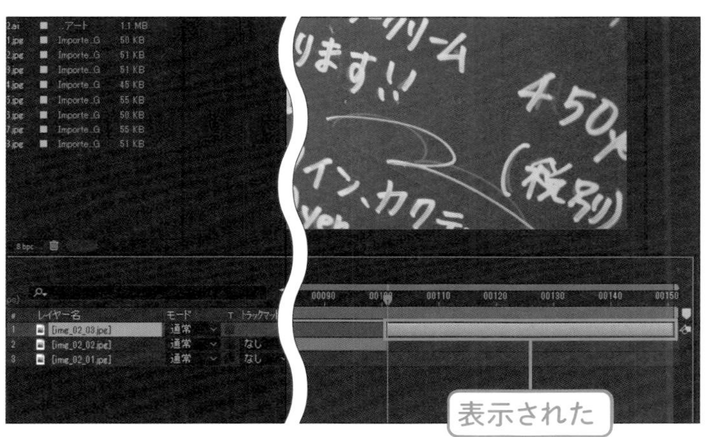

5 [タイムライン] パネルで確認する

「img_02_03.jpg」レイヤーが「00101」フレームでトリミングされ、00101フレームから00150フレームまで表示されるようになりました。

Check! ショートカットキーについて

After Effectsでは操作を短縮して行えるように、一部の操作がキーボードに割り当てられています。例えば[位置]プロパティを表示しようとした際、マウスでレイヤーの[トランスフォーム]プロパティを表示してから[位置]プロパティを開く手数が必要になります。ショートカットキーを使う場合、任意のレイヤーをクリックで選択し、キーボードの P キーを押すと、[位置]プロパティを開くことができます。一部のショートカットキーは、英語の頭文字から割り当てされているものもあり、比較的覚えやすく設定されています。よく使用する操作のショートカットキーを覚えることで、作業効率をアップすることができます。

	Windows	Mac
アンカーポイント	A	A
位置	P	P
スケール	S	S
回転	R	R
不透明度	T	T
キーフレームがあるプロパティを開く	U	U

Lesson 02

画像をアニメーションさせよう

練習ファイル　0202a.aep
完成ファイル　0202b.aep

基本的なアニメーションを作るためにキーフレームの仕組みを理解し、アニメーションを作成します。

スケールのアニメーションを作成する

1 ［現在の時間インジケーター］を移動する

［現在のインジケーター］を「00000」フレームまでドラッグして❶、移動します。

2 ［トランスフォーム］プロパティを表示する

「img_02_01.jpg」レイヤー左横の > をクリックして❶、［トランスフォーム］プロパティを表示します。

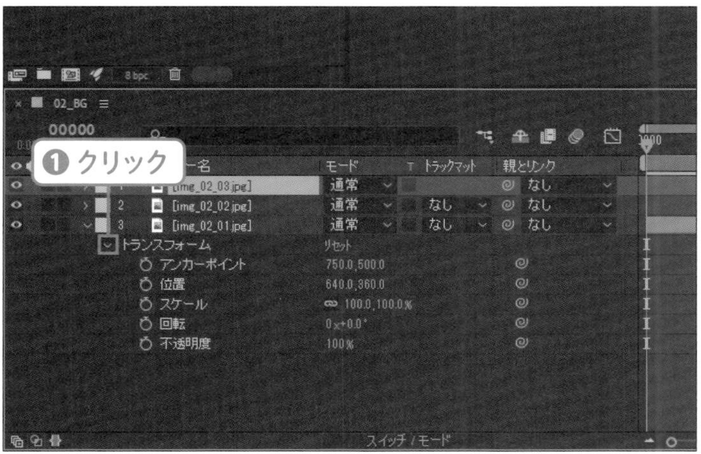

3 各種プロパティを表示する

［トランスフォーム］プロパティ左横の ▶ クリックすると❶、各種プロパティが表示されます。

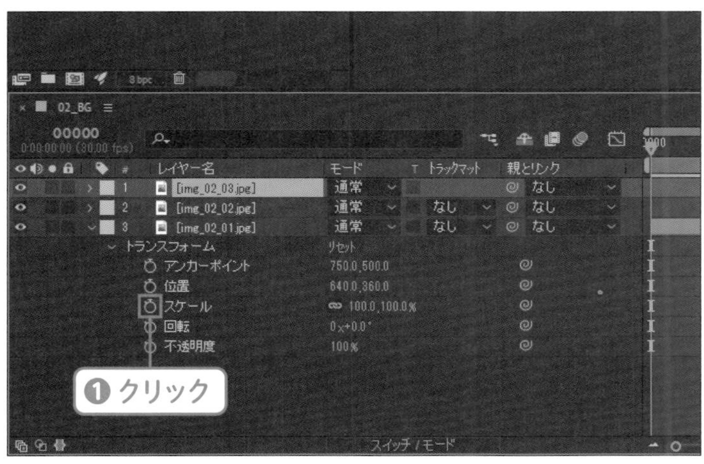

4 ［スケール］プロパティにキーフレームを追加する

「00000」フレームで［スケール］プロパティの［ストップウォッチ］ をクリックします❶。

MEMO

プロパティで、ストップウォッチがある場合はキーフレームを追加することができます。キーフレームについては、P.70を参照してください。

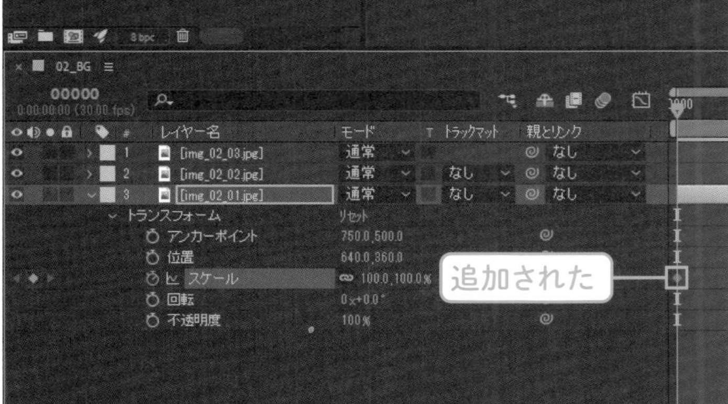

5 キーフレームを確認する

［タイムグラフ］を確認すると、［スケール］の［現在の時間インジケーター］がある位置にキーフレームが追加されています。

MEMO

［スケール］とは、レイヤーの拡大縮小を調整できるプロパティです。ここの数値を設定しキーフレームを追加することで、レイヤーに拡大縮小のアニメーションを作成できます。

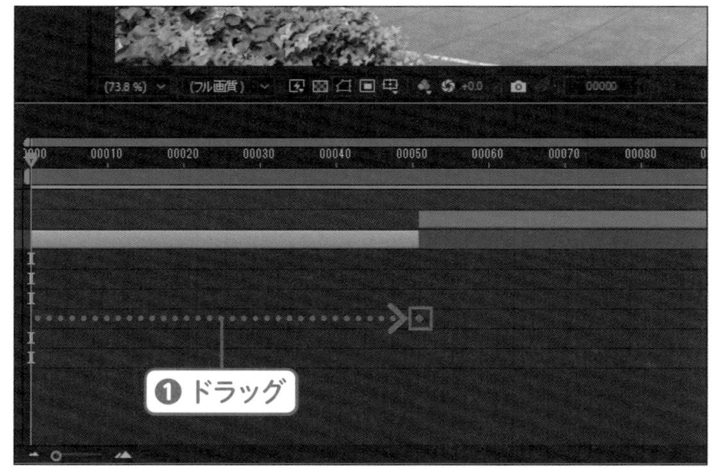

6 キーフレームを移動する

［タイムグラフ］の「00000」フレームのキーフレームを「51」フレームまでドラッグして❶、移動します。「51」フレームに［スケール］プロパティの「100%」が設定されました。

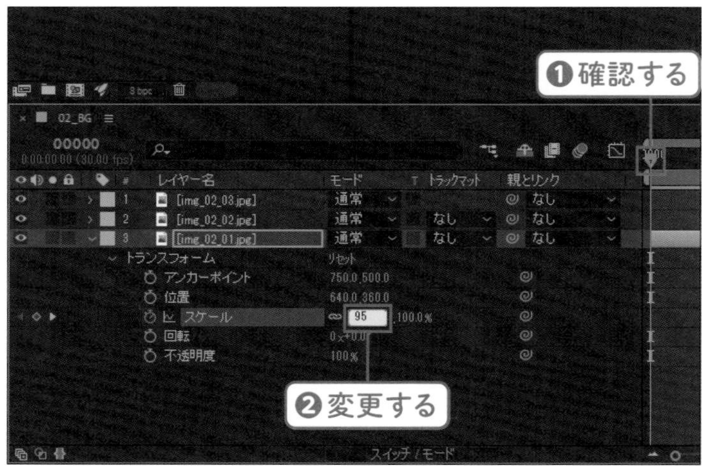

7 ［スケール］プロパティの値を変更する

［現在の時間インジケーター］が「00000」フレームにあることを確認し❶、［スケール］プロパティの値を「95%」に変更します❷。

MEMO

各種プロパティは、キーフレームが1つ以上追加されている状態で、キーフレームのないフレームで値を変更すると［現在の時間インジケーター］地点に自動でキーフレームが追加されます。

8 再生して確認する

Space キーを押して❶、再生します。「img_02_01.jpg」静止画レイヤーが徐々に拡大され、カメラのズームのようなアニメーションを作成できました。

MEMO

再生されている状態で、もう一度 Space キーを押すと再生が停止されます。

●位置のアニメーションを作成する

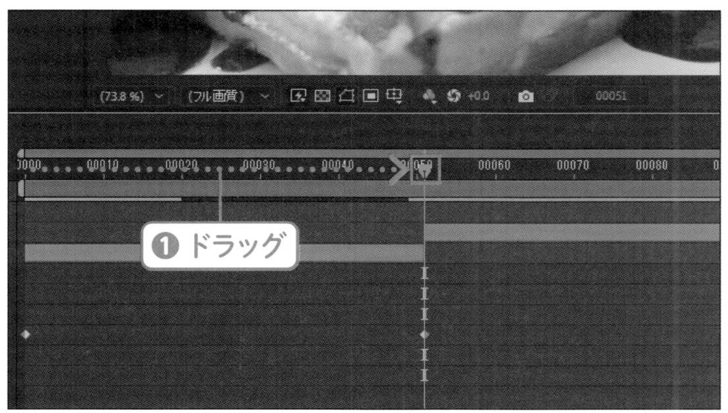

1 ［現在の時間インジケーター］を移動する

次に「img_02_02.jpg」レイヤーに位置のアニメーションを作成します。［現在のインジケーター］を「00051」フレームまでドラッグして❶、移動します。

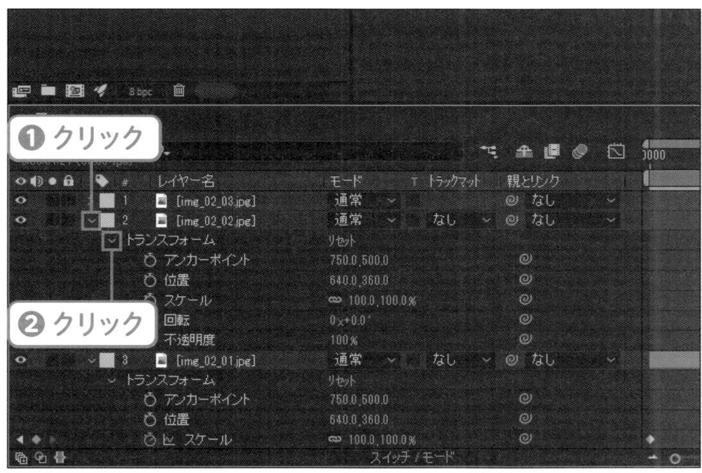

2 各種プロパティを表示する

「img_02_02.jpg」レイヤー左横の ▶ をクリックして❶、［トランスフォーム］プロパティを表示し、［トランスフォーム］プロパティ左横の ▶ をクリックして❷、各種プロパティを表示します。

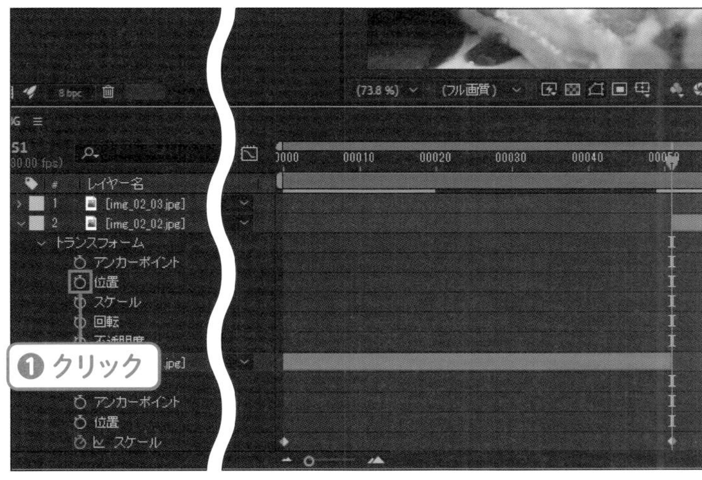

3 ［位置］プロパティにキーフレームを追加する

「00051」フレームで［位置］プロパティの［ストップウォッチ］ をクリックします❶。

MEMO

［位置］とは、レイヤーの位置を調整できるプロパティです。ここの数値を設定しキーフレームを追加することで、レイヤーが上下左右に動くアニメーションを作成できます。

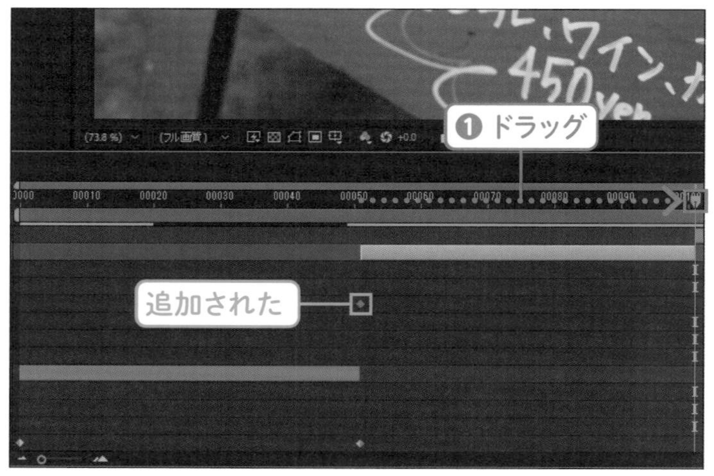

4 ［現在の時間インジケーター］を移動する

キーフレームが追加されます。［タイムライン］パネルの［現在の時間インジケーター］を「101」フレームまでドラッグします❶。

5 ［位置］プロパティの値を変更する

「img_02_02.jpg」レイヤーは横方向に動かしたいので、X軸の［位置］プロパティの値を「600.0, 360.0」に変更します❶。「600」という数値はX（幅）の座標数値で、「360」という数値はY（高さ）の座標数値です。このコンポジションサイズは1280×720なので画面中央である［640.0, 360.0］から-40ピクセル左側に位置することを意味します。

6 再生して確認する

Space キーを押して❶、再生します。「img_02_02.jpg」静止画レイヤーが右から左に移動して、カメラを横に動かしているようなアニメーションを作成できました。

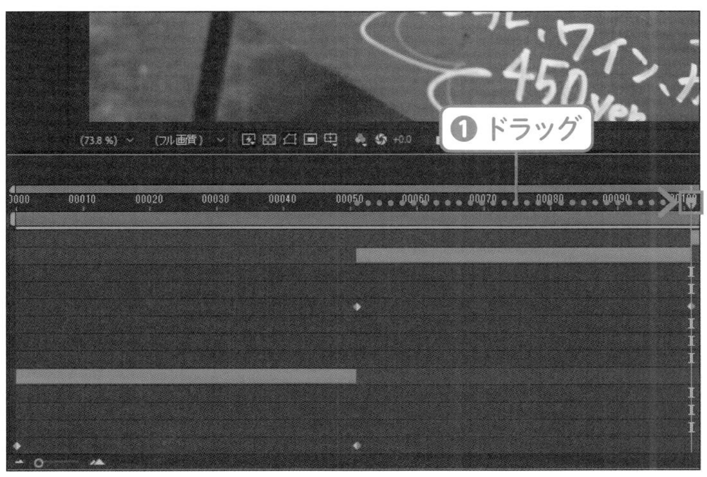

7 ［現在の時間インジケーター］を移動する

次に「img_02_03.jpg」レイヤーに位置のアニメーションを作成します。［現在のインジケーター］を「00101」フレームまでドラッグして❶、移動します。

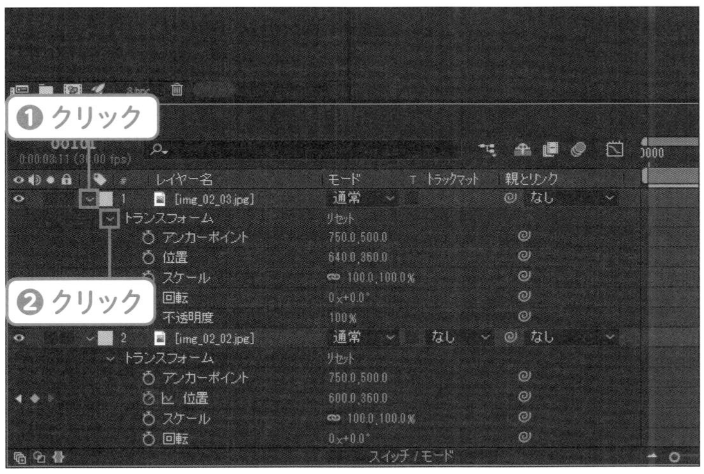

8 各種プロパティを表示する

「img_02_03.jpg」レイヤー左横の をクリックして❶、［トランスフォーム］プロパティを表示し、［トランスフォーム］プロパティ左横の をクリックして❷、各種プロパティを表示させせます。

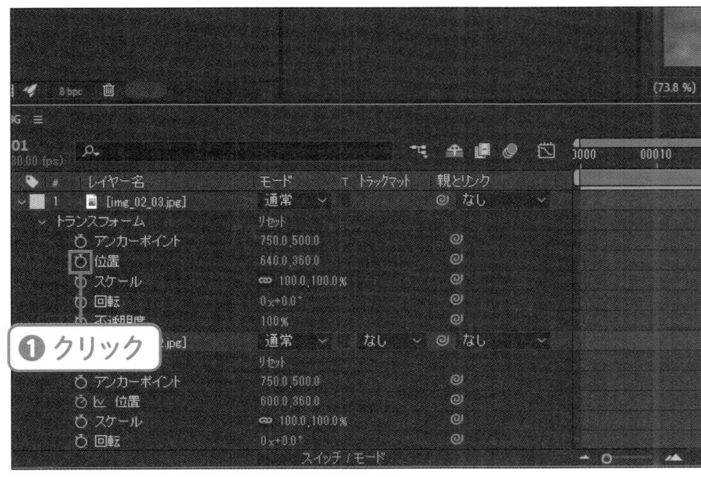

9 ［位置］プロパティにキーフレームを追加する

「00101」フレームで［位置］プロパティの［ストップウォッチ］ をクリックします❶。

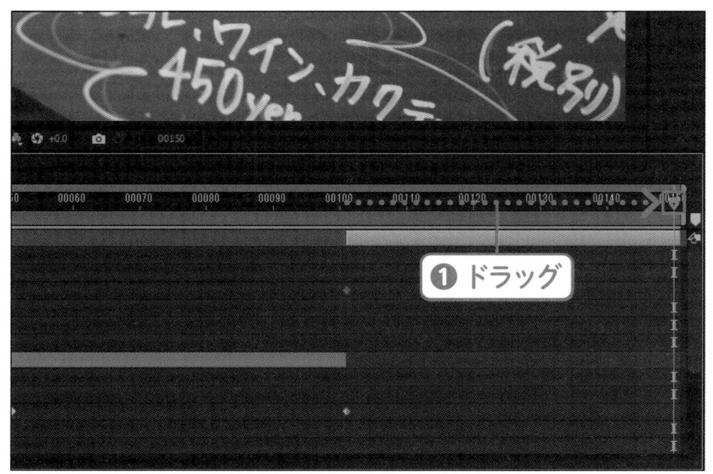

10 ［現在の時間インジケーター］を移動する

［タイムライン］パネルの［現在の時間インジケーター］を「150」フレームまでドラッグします❶。

11 ［位置］プロパティの値を変更する

「img_02_03.jpg」レイヤーは縦方向に動かしたいので、Y軸の［位置］プロパティの値を「640.0, 400.0」に変更します❶。「640」という数値はX（幅）の座標数値で、「400」という数値はY（高さ）の座標数値です。このコンポジションサイズは1280×720なので画面中央である［640.0, 360.0］から+40ピクセル上側に位置することを意味します。

12 再生して確認する

Space キーを押して❶、再生します。「img_02_03.jpg」静止画レイヤーが上から下に移動して、カメラを縦に動かしているようなアニメーションを作成できました。

13 各種プロパティを閉じる

レイヤー数が多くなった状態で各種プロパティが開いていると、タイムラインが見づらくなってきます。使わないときは各種プロパティは閉じて作業を行いましょう。トランスフォーム左横の ✓ をクリックし、レイヤー名の左横の ✓ をクリックして、プロパティを閉じておきます。

MEMO

ほかのレイヤーも同じ手順で各種プロパティを閉じておきましょう。

☑ Check ! トランスフォームの［位置］［アンカーポイント］について

トランスフォームの［位置］の数値は、［X, Y］の座標数値でX=幅、Y=高さを表しています。画面中央の座標がデフォルト数値として設定されていて、コンポジションサイズの［幅］［高さ］数値の半分の値で自動算出されます。
本書では1280×720のコンポジションサイズで制作しているので、［640, 360］が画面中央の座標となり、［位置］プロパティのデフォルト数値として算出・設定されます。
［位置］の数値を［0, 360］に設定すると、コンポジション中央左に移動します。［位置］の数値を［1280, 360］に設定すると、コンポジション中央右に移動します。［640, 0］にすると中央上、［640, 720］にすると中央下、［0, 0］にすると左上に移動します。
これらは"レイヤーの基点"がどこに位置するかの座標数値です。
"レイヤーの基点"はアンカーポイントと呼ばれ、トランスフォームから編集することができます。
例えばアンカーポイントが［640, 360］を中心として、位置が［640, 360］のレイヤーがあったとします。
アンカーポイントの数値を［0, 0］に変更すると、レイヤーの基点が中心から左上に移動するので、その際は位置を［0, 0］にすると、数値を変更する前の結果と同じ見た目が表示されます。

Lesson

03 背景をぼやかそう

練習ファイル 0203a.aep
完成ファイル 0203b.aep

エフェクトを使用して背景画像をぼかし、疑似的にピントが合っていない画のように仕上げます。背景をぼけさせることで、背景の手前に表示するものを目立たせるデザインを目指します。

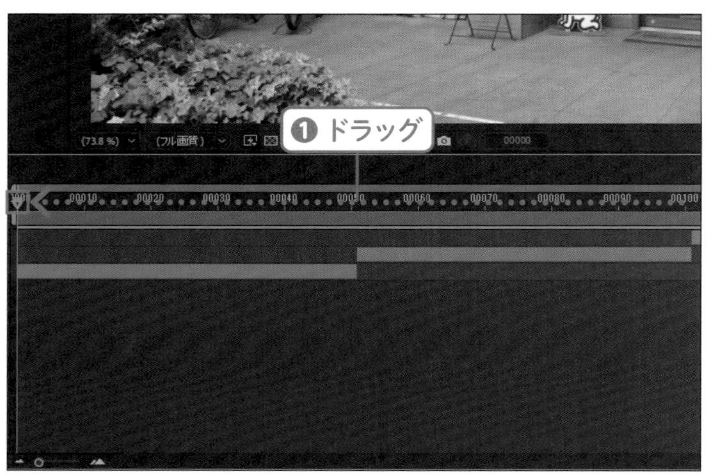

1 ［現在の時間インジケーター］を移動する

［コンポジション］パネルで効果を確認できるように、「img_02_01.jpg」レイヤーが表示される位置まで［現在の時間インジケーター］を移動します。［現在のインジケーター］を「00000」フレームまでドラッグして❶、移動します。

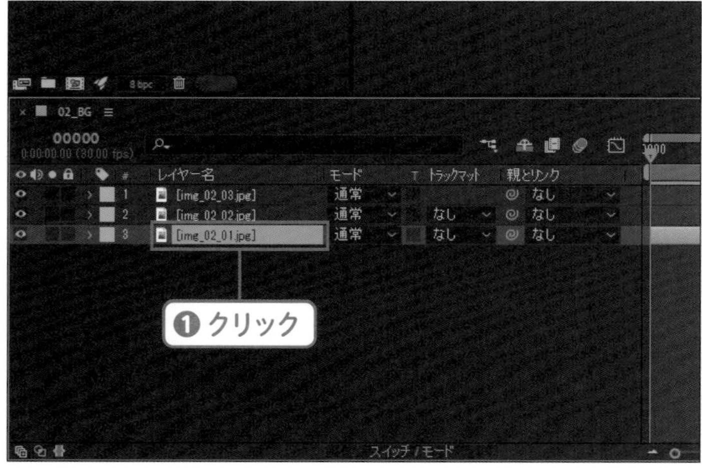

2 「img_02_01.jpg」レイヤーを選択する

［タイムライン］パネルの「img_02_01.jpg」レイヤーをクリックします❶。

MEMO

エフェクトを適用するときは、必ず対象のレイヤーを選択するようにします。

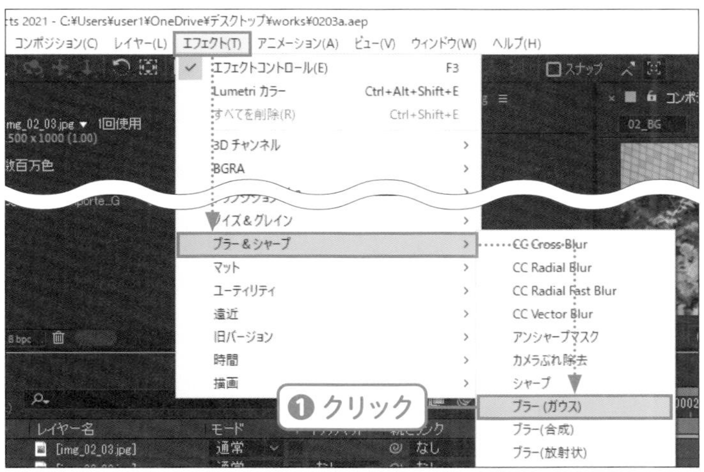

3 ［ブラー（ガウス）］エフェクトを選択する

［エフェクト］メニュー→［ブラー＆シャープ］→［ブラー（ガウス）］の順にクリックし❶、エフェクトを適用します。「ブラー」とは、対象をぼかすエフェクトです。

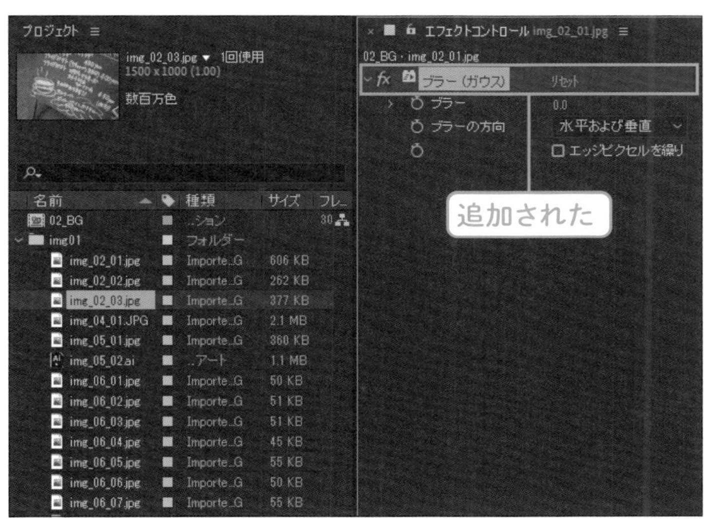

4 ［エフェクトコントロール］パネルで確認する

「img_02_01.jpg」レイヤーが選択されていると、［エフェクトコントロール］パネルに、［ブラー（ガウス）］エフェクトが追加されていることが確認できます。

MEMO

［エフェクトコントロール］パネルが表示されていない場合は、［ウィンドウ］メニュー→［エフェクトコントロール］の順にクリックして表示します。

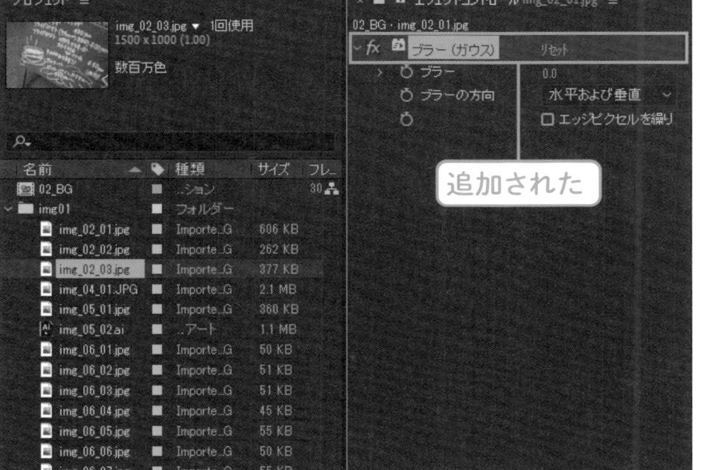

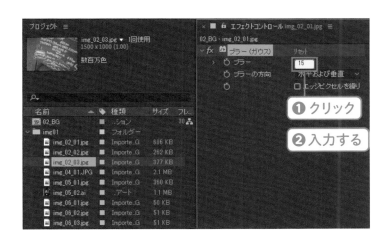

5 エフェクトの数値を調整する

［エフェクトコントロール］パネルの［ブラー］の数値部分をクリックし❶、「15.0」と入力します❷。

6 [コンポジション]パネルで確認する

[コンポジション]パネルのビューで、「img_02_01.jpg」が全体的にぼやけたことが確認できます。

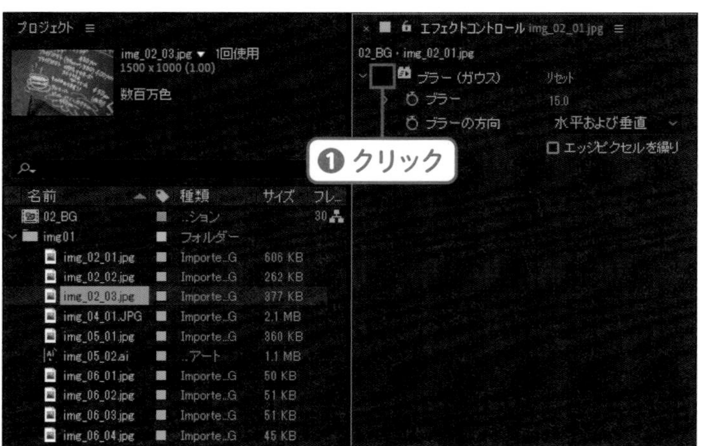

7 [エフェクトコントロール]パネルで切り替える

[エフェクトコントロール]パネルのエフェクト[ブラー(ガウス)]左横の fx チェックボックスをクリックし❶、無効/有効を繰り返して、エフェクトの適用前と後を確認することができます。

MEMO

確認ができたらエフェクトを有効にしておきましょう。

●エフェクトを複数のレイヤーに適用する

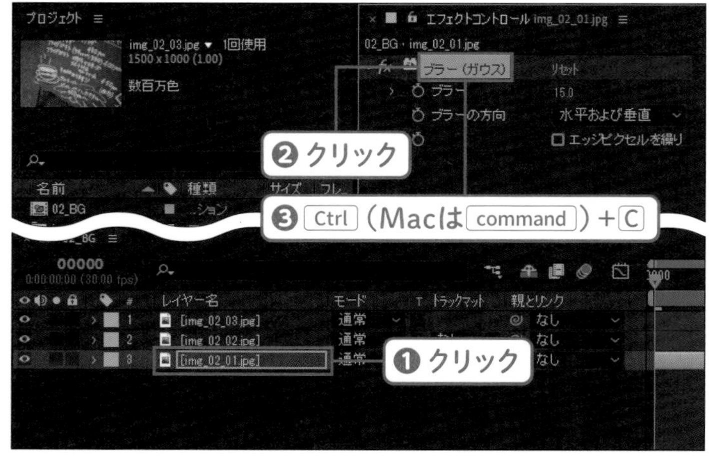

1 エフェクトをコピーする

エフェクトはほかの複数レイヤーに対してコピー&ペーストすることができます。「img_02_01.jpg」レイヤーをクリックし❶、[エフェクトコントロール]パネルで[ブラー(ガウス)]エフェクトの名称部分をクリックして❷、Ctrl (Macは command) + C キーを押して❸、エフェクトをコピーします。

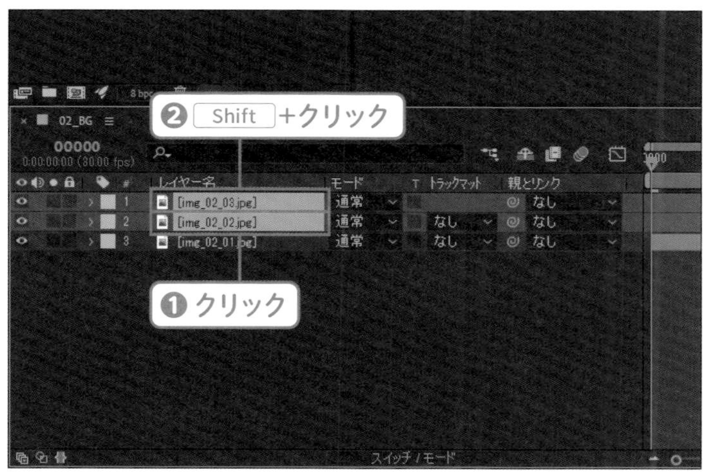

2 複数のレイヤーを選択する

[タイムライン]パネルで「img_02_02.jpg」レイヤーをクリックし❶、Shift キーを押しながら「img_02_03.jpg」レイヤーをクリックして❷、複数選択します。

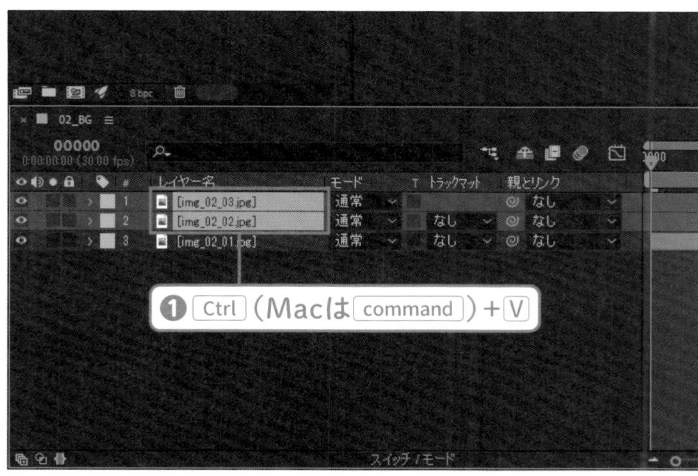

3 エフェクトをペーストする

対象のレイヤーを複数選択した状態で、Ctrl (Macは command) + V キーを押して❶、ペーストします。

4 再生して確認する

Space キーを押して再生します❶。すべてのレイヤーに[ブラー(ガウス)]が適用され、ぼかし効果を付けることができました。

Lesson

04 質感を追加しよう

練習ファイル　0204a.aep
完成ファイル　0204b.aep

背景画像にエフェクトを重ねて、画面全体に質感を加えます。映像制作で実際によく使われるテクニックを覚えて、動画の見栄えをよくしましょう。

1 [タイムライン]パネルを選択する

質感を加えるエフェクトを適用するために、平面レイヤーを新規作成します。[タイムライン]パネルの何も表示されていないところをクリックします❶。

MEMO

[プロジェクト]パネルが選択されていると、平面レイヤーが新規作成できません。

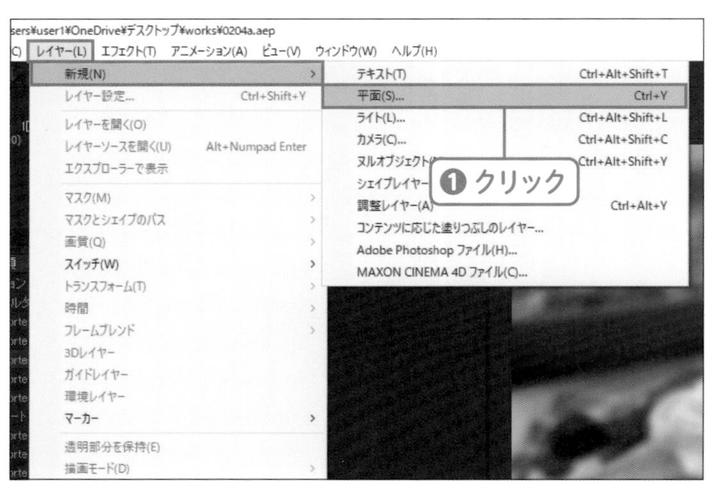

2 新規平面を作成する

[レイヤー]メニュー→[新規]→[平面]の順にクリックします❶。

3 ［平面設定］画面で設定する

［平面設定］画面が表示されるので、サイズの幅、高さの数値を以下のように設定します❶。

幅	1280px
高さ	720px

MEMO

デフォルトでコンポジションサイズと同じ値が設定されています。コンポジションと同じサイズの平面レイヤーを作成するときは、［コンポジションサイズ作成］を選択すると、自動的にコンポジションと同じサイズで作成されます。

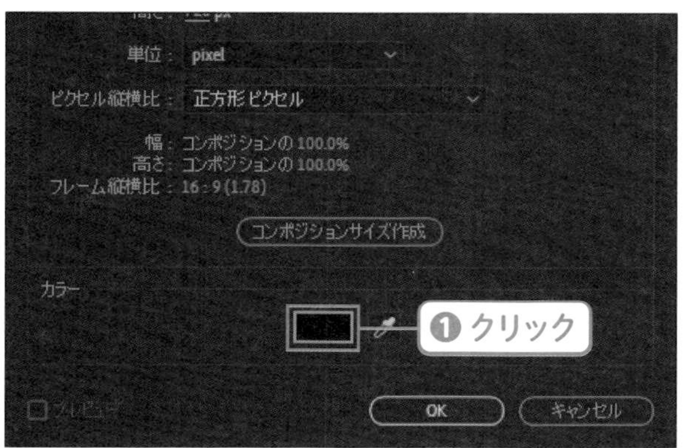

4 カラーを変更する

カラーのカラーボックスをクリックします❶。

5 黒に変更する

カラーボックスをクリックすると、［平面色］画面が表示されるので、［#］の値に「000000」を入力し❶、［OK］をクリックして❷、［平面色］画面を閉じます。

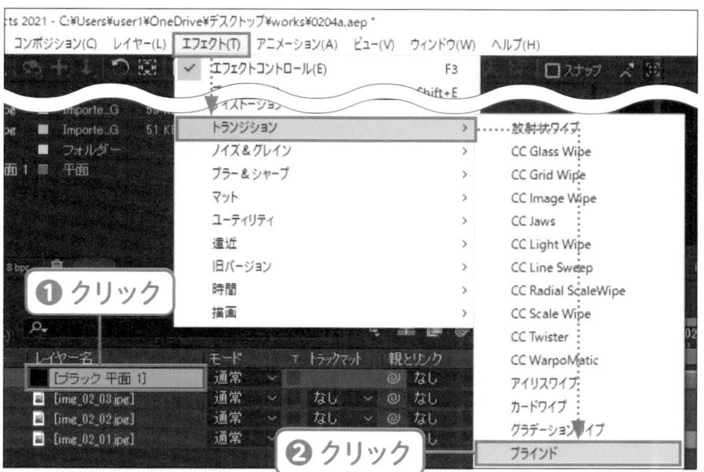

9 [ブラインド]エフェクトを選択する

「ブラック平面1」レイヤーをクリックし❶、[エフェクト]メニュー→[トランジション]→[ブラインド]の順にクリックして❷、エフェクトを適用します。

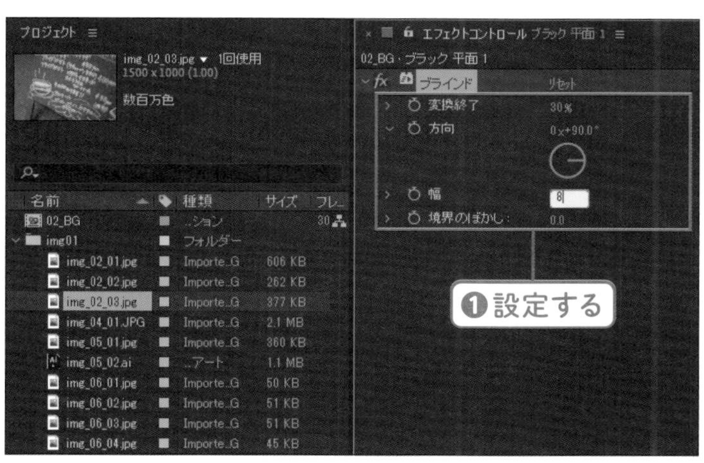

10 [ブラインド]エフェクトの数値を調整する

[エフェクトコントロール]パネルに[ブラインド]が追加されるので、[ブラインド]の各数値を以下のように設定します❶。

変換終了	30%
方向	90
幅	8
境界のぼかし	0.0

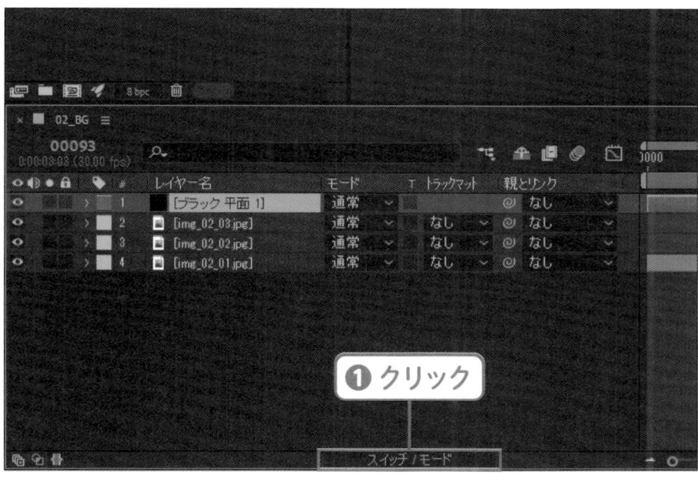

11 [タイムライン]パネルのモードを有効にする

[タイムライン]パネルでレイヤーの描画モードを変更できるように準備します。[タイムライン]パネル下部にある[スイッチ/モード]をクリックします❶。

MEMO

[描画モード]が表示されるように変更します。

12 レイヤーの描画モードを確認する

［タイムライン］パネルに［描画モード］列が表示されるので、「ブラック平面 1」の［モード］の をクリックします❶。

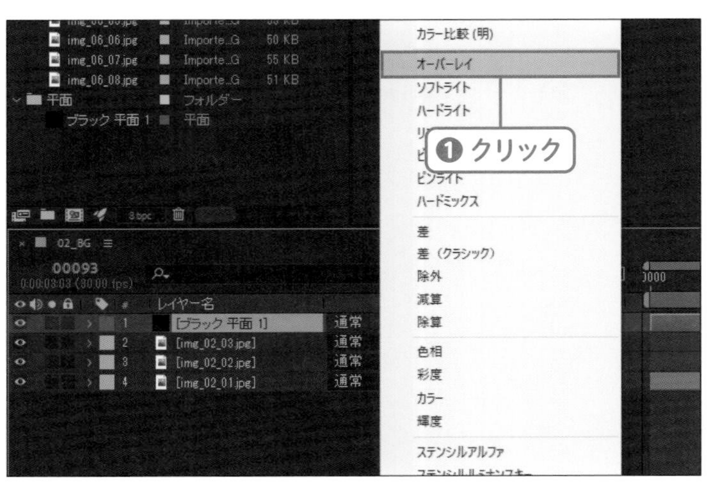

13 レイヤーの描画モードを変更する

表示されるメニューの中から［オーバーレイ］をクリックして❶、モードを変更します。

MEMO

描画モードを変更することで、レイヤーを表示する際のAfter Effectsでの計算方法を変更します。オーバーレイには、該当レイヤー以下のレイヤーの彩度を上げる効果があります。

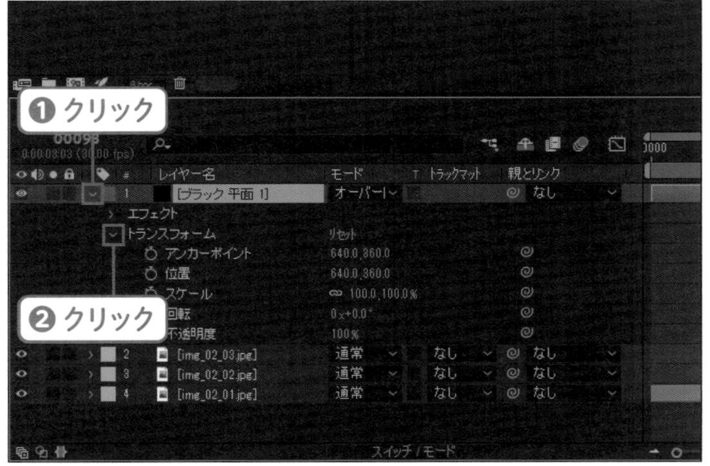

14 各種プロパティを表示する

質感が強すぎるので、「ブラック平面 1」レイヤーの不透明度を調整します。［ブラック平面1］レイヤー左横の をクリックして❶、［トランスフォーム］プロパティを表示し、［トランスフォーム］プロパティ左横の をクリックして❷、各種プロパティを表示させます。

15 [ブラック平面1]レイヤーの不透明度を変更する

[不透明度]プロパティの数値部分をクリックし❶、「40」と入力します❷。

MEMO

描画モードについてはP.196を参照しましょう。

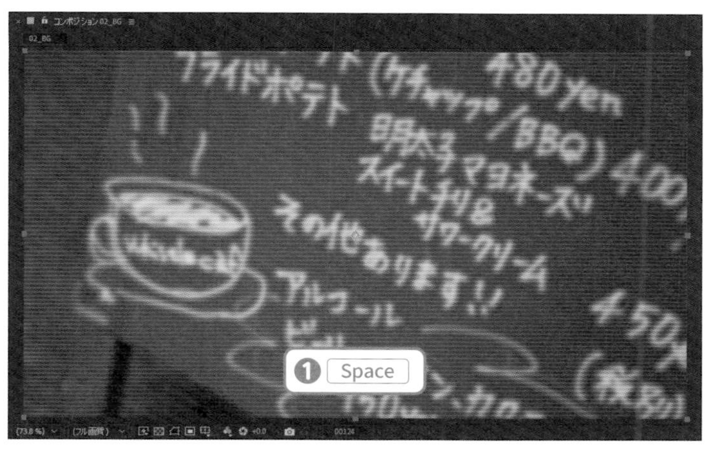

16 再生して確認する

Space キーを押して❶、再生します。3枚の静止画のアニメーションの上に、質感を追加することができました。

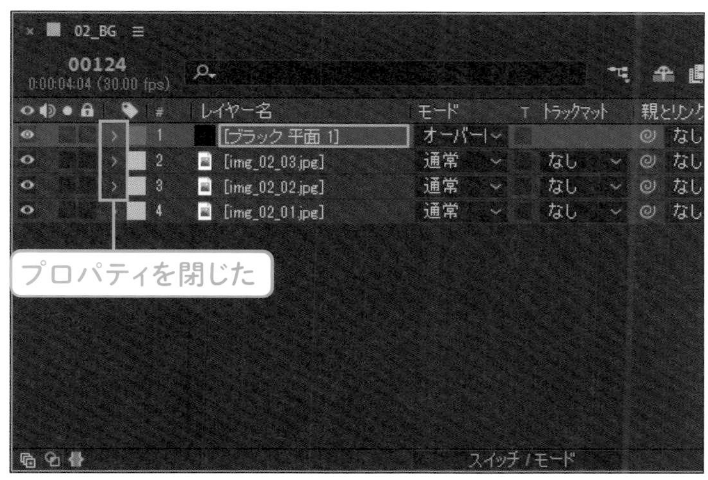

17 各種プロパティを閉じる

[トランスフォーム]プロパティ左横の をクリックし、レイヤー名左横の をクリックして、プロパティを閉じておきます。

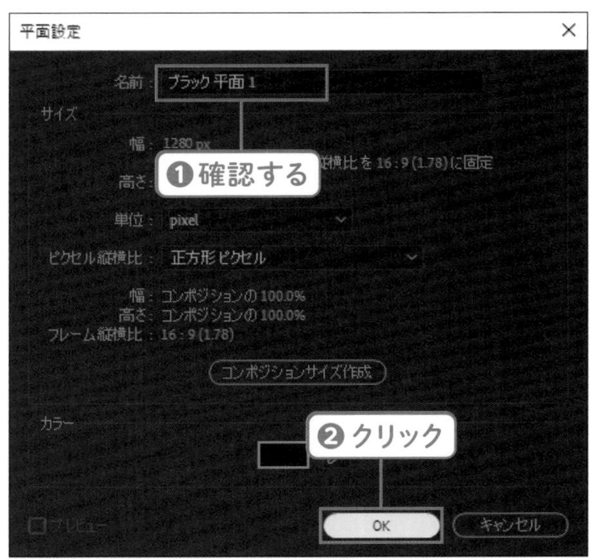

6 平面設定を閉じる

名前が「ブラック平面1」であることを確認し❶、[OK]をクリックして❷、[平面設定]画面を閉じます。

MEMO

[平面色]画面で設定した色に応じて、名前が自動で変更されます。例えば赤(#FF0000)の場合、「レッド平面1」となります。

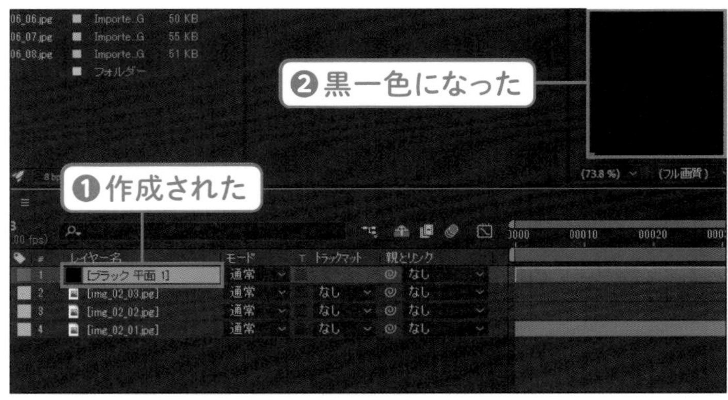

7 [タイムライン]パネルで確認する

[タイムライン]パネルに新規で[ブラック平面1]が作成され❶、[コンポジション]パネルが黒一色になりました❷。

8 [プロジェクト]パネルで確認する

[プロジェクト]パネルにも自動で[平面]フォルダーが作成され、[平面]フォルダー左横の ▶ をクリックすると❶、ブラック平面1が格納されていることが確認できます。

Column

キーフレームアニメーションについて

After Effectsで一番オーソドックスなアニメーションの作成には、「キーフレーム」を利用します。キーフレームとは、アニメーションの指示情報を記録するポイント（点）のようなものです。各種プロパティに2つ以上の異なる値のキーフレームを設定することで、値が自動変更・補完されアニメーションすることができます。

▶ キーフレームの基本

キーフレームの設定は、各種プロパティで行います。例えば［位置］プロパティのキーフレームに座標を指示します。図1では、0フレームに［200.0, 360.0］のキーフレームを追加しています（コンポジションサイズ1280×720、デュレーション00031の場合）。

図2では、30フレームに［1100, 360.0］のキーフレームを追加しています。その結果、動画の開始では図1の位置にあり、終了では図2の位置に図形が移動するアニメーションが作成されます。

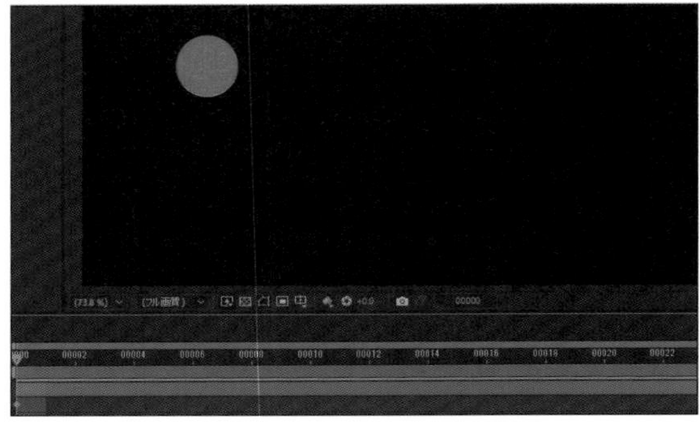

図1

▶［現在の時間インジケーター］の利用

キーフレームを追加するためには［現在の時間インジケーター］を利用します。［現在の時間インジケーター］がある地点のタイムライン情報が、［コンポジション］パネルに画として表示されます。キーフレームを追加してアニメーションを作成したい場合は、［現在の時間インジケーター］を指定したい地点に移動させ、各種プロパティの数値を設定します。

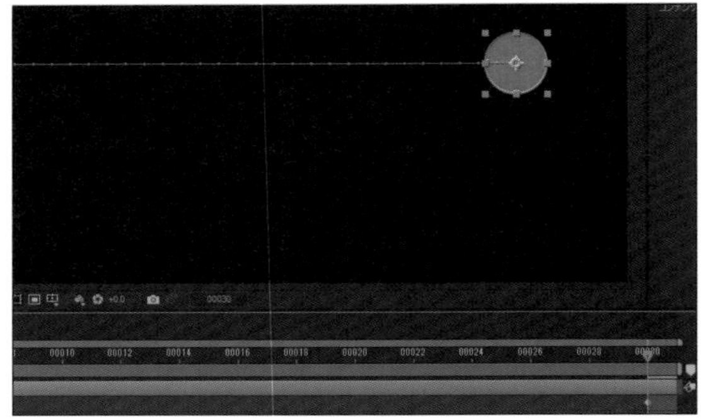

図2

▶ キーフレームを追加する

［現在の時間インジケーター］を利用して、キーフレームを追加してみます。ここでは0フレームのときに［200.0, 360.0］、30フレームのときに［1100.0, 360.0］のキーフレームがあるシェイプアニメーションがあります。［現在の時間インジケーター］を15フレームに移動し、［位置］プロパティの数値を［640.0, 180.0］と入力すると、0フレームのときに［200.0, 360.0］、15フレームのときに［640.0, 180.0］、30フレームのときに［1100.0, 360.0］のアニメーションが作成されます。

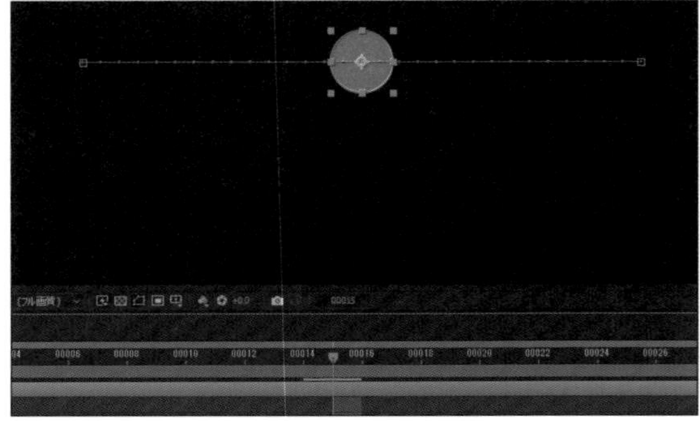

図3

Chapter

タイトルを作ろう

第3章では、動画制作でも使用頻度の高いテキストアニメーションでタイトルを作成します。フォントやフォントサイズ、テキストカラーの変え方のような文字操作の基本から、文字が1文字ずつランダムに表示されるアニメーションの作り方を学びます。

Visual Index | Chapter 3

タイトルを作ろう

完成イメージ

この章のポイント

After Effectsでテキストアニメーションを作るには、テキストレイヤーを作成してから、フォントやフォントサイズ、テキストカラーの変更などを行います。あらかじめ用意されているアニメーターを利用することで、動きのあるテキストアニメーションが作成できます。

POINT 1 レイヤーを作成して文字を入力する

After Effectsでは、テキストもレイヤーとして扱います。[タイムライン]パネルにテキストレイヤーを作成して、文字を入力します。

→ P.74

POINT 2 フォントや文字サイズを変更する

入力したテキストのフォントやフォントサイズを変更するには、[文字]パネルを使用します。[文字]パネルの基本的な操作に慣れるようにしましょう。

→ P.78

POINT 3 字間や行間を変える

ただ文字入力しただけでは、魅力的なテキストアニメーションにはなりません。部分的にフォントサイズやテキストスタイルを変え、字間も調整します。

→ P.80

POINT 4 アニメーションを設定する

調整した文字を、After Effectsにあらかじめ用意されているアニメーターを利用して、動きのあるアニメーションに仕上げます。ブラーなどを使うことで、よりメリハリのあるアニメーションを作ることができます。

→ P.84, 90

Lesson

01

テキストを配置しよう

モーションググラフィックスの中でも、一般的なタイトルアニメーションを作成するための準備をします。

練習ファイル　0301a.aep
完成ファイル　0301b.aep

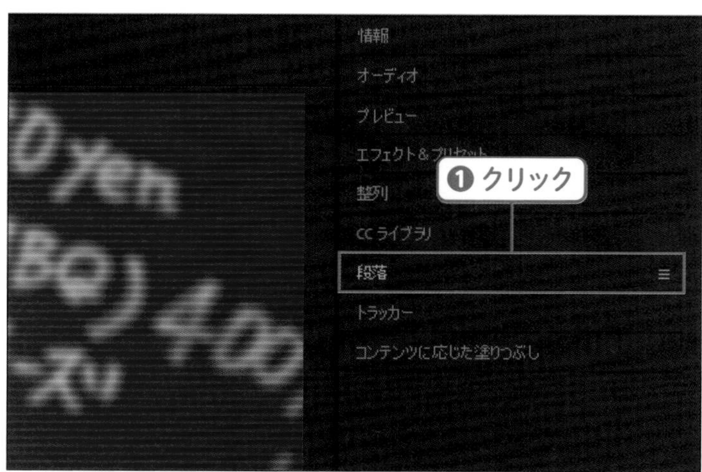

1 ［段落］パネルを表示する

［段落］パネルをクリックし❶、［段落］パネルを表示します。

MEMO

表示されていない場合は、［ウィンドウ］メニュー→［段落］の順にクリックします。

2 テキストを中央揃えにする

［テキストの中央揃え］をクリックします❶。

MEMO

［段落］パネルの［テキストの左揃え］、［テキストの右揃え］などは、文章が改行されたときにどこを起点に揃えるか決める機能ですが、この章で使用するテキストアニメーターの結果にも影響します。ここでは中央揃えとします。

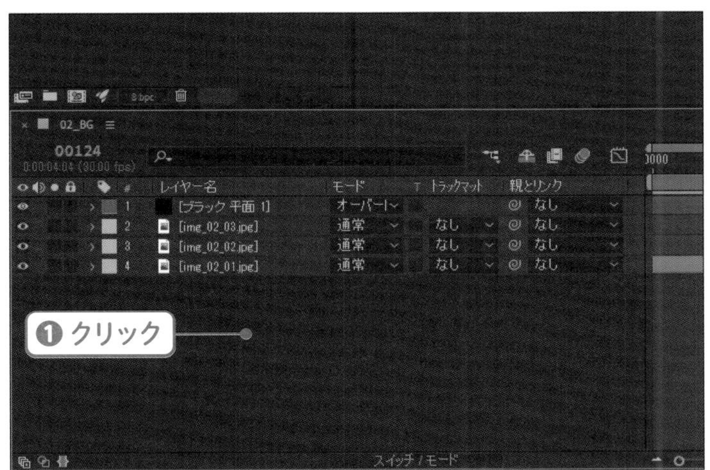

3 [タイムライン] パネルを選択する

テキストレイヤーを追加する前に、[タイムライン] パネルの何もないところをクリックします❶。

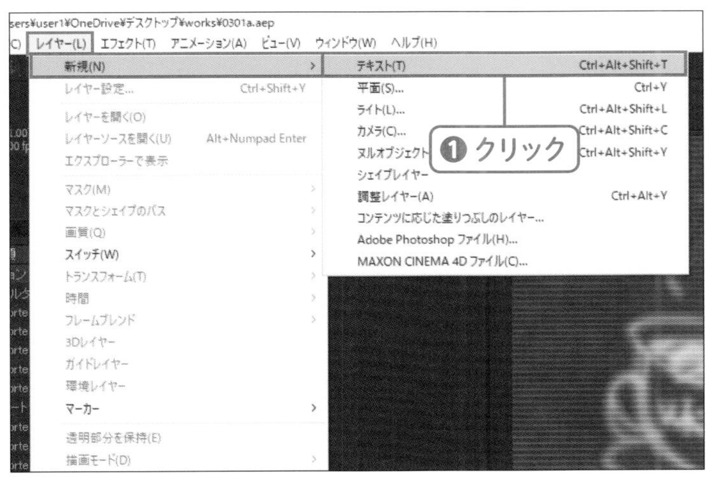

4 テキストレイヤーを配置する

[レイヤー] メニュー→[新規]→[テキスト] の順にクリックします❶。

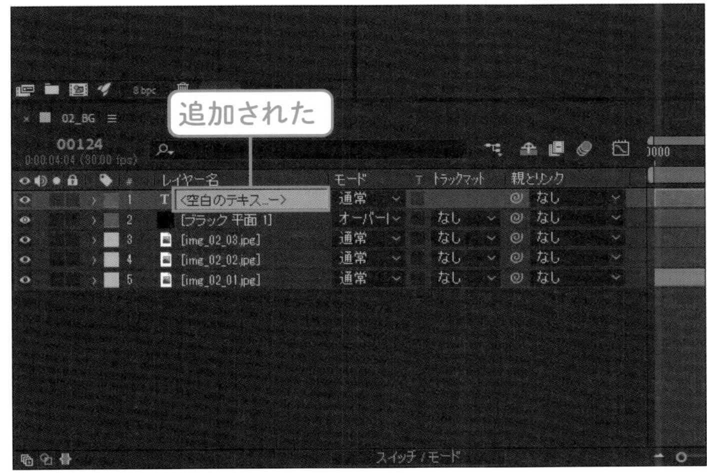

5 [タイムライン] パネルを確認する

[タイムライン] パネルに [空白のテキストレイヤー] が追加されます。

6 [コンポジション]パネルを確認する

[コンポジション]パネルのビューにカーソル(赤い縦棒)が表示されます。

MEMO

[コンポジション]パネルのビューに赤い縦棒が表示されていない場合は、[タイムライン]パネルのテキストレイヤーをダブルクリックします。

7 テキストを入力する

「Whistle CAFE」と入力します❶。

8 テキストレイヤーを選択する

タイムラインの何もないところをクリックし❶、「Whistle CAFE」テキストレイヤーをクリックして❷、選択します。

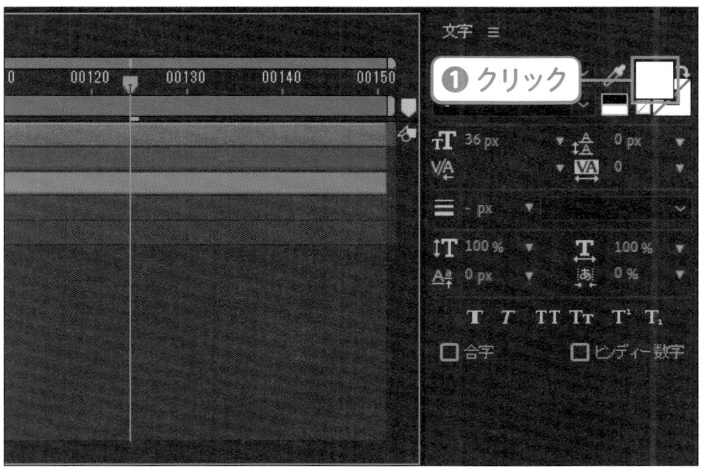

9 [文字]パネルで[テキストカラー]を表示させる

[文字]パネルの[塗りのカラー]をクリックします❶。

MEMO

[文字]パネルが表示されていない場合は、[ウィンドウ]メニュー→[文字]の順にクリックして表示します。

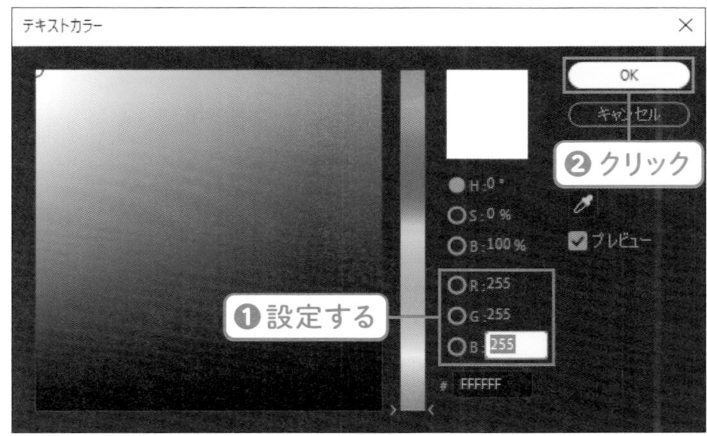

10 テキストカラーを設定する

[テキストカラー]画面が表示されるので、[RGB]の数値を以下のように設定し❶、[OK]ボタンをクリックします❷。

R	255
G	255
B	255

11 テキストの色が変更される

テキストが設定した色に変更されます。

MEMO

デフォルトで[RGB]の数値がすべて「255」の場合があります。数値を変更してほかの色で試してみましょう。本書の通りに進める場合は、[RGB]の数値をすべて「255」に設定してください。

Lesson 02

フォントや文字サイズを変えよう

練習ファイル　0302a.aep
完成ファイル　0302b.aep

フォントの種類や文字サイズを変更します。デザイン目的に合ったフォント設定をすることで、動画全体の見栄えも変わります。

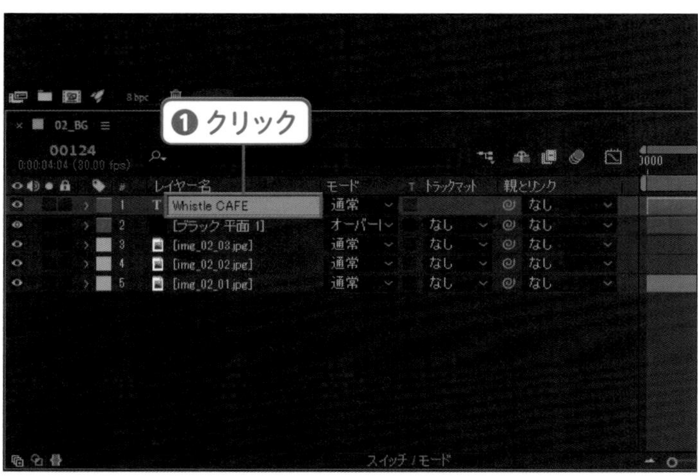

1 テキストレイヤーを選択する

テキストのフォントの種類やサイズを変更します。［タイムライン］パネルの「Whistle CAFE」テキストレイヤーをクリックして❶、選択します。

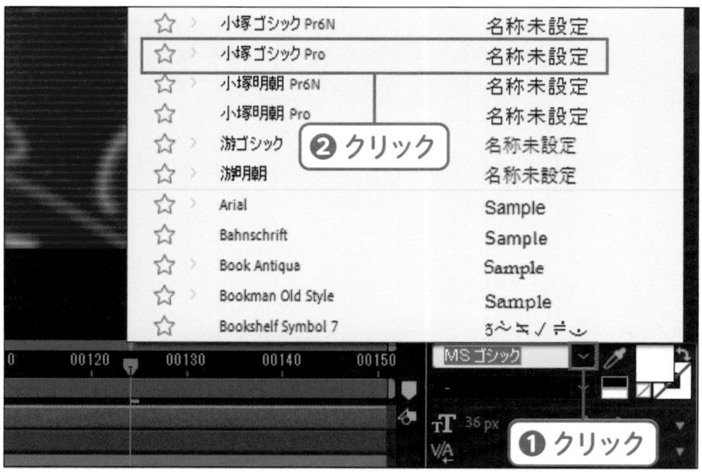

2 フォントファミリーを変更する

［文字］パネルの［フォントファミリーを設定］の をクリックし❶、表示されるメニューから［小塚ゴシックPro］をクリックして❷、変更します。

MEMO

「小塚ゴシックPro」がない場合は、「游ゴシック」や「ヒラギノ角ゴシック」を選びます。

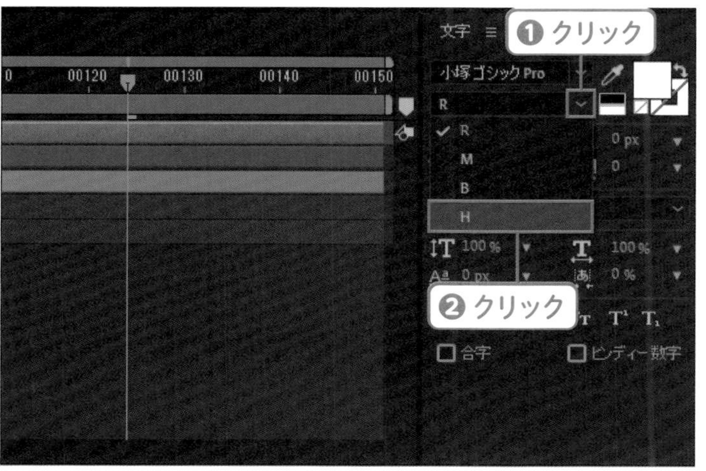

3 フォントスタイルを変更する

[文字]パネルの[フォントスタイルを設定]のをクリックし❶、表示されるメニューから[H]をクリックして❷、変更します。

MEMO

[R]と[M]の場合は、[M]選択してください。小塚ゴシックPro以外のフォントを選択している場合は、「Regular」などの任意のものを選択します。

4 フォントサイズを変更する

[文字]パネルの[フォントサイズを設定]の数値部分をクリックし❶、「90」と入力して❷、Enter(Macは return)キーを押します❸。

5 フォントサイズが変わる

[コンポジション]パネルのビューを確認すると、フォントサイズが変更されたことが確認できます。

Lesson 03

字間や行間を変えよう

練習ファイル 0303a.aep
完成ファイル 0303b.aep

テキストを入力しただけでは、字間や行間が開き過ぎたり、詰まり過ぎたりすることがあります。演出意図に合わせて見栄えのいいタイトルを作成します。

1 テキストレイヤーを選択する

[タイムライン] パネルのテキストレイヤーをクリックして❶、選択します。

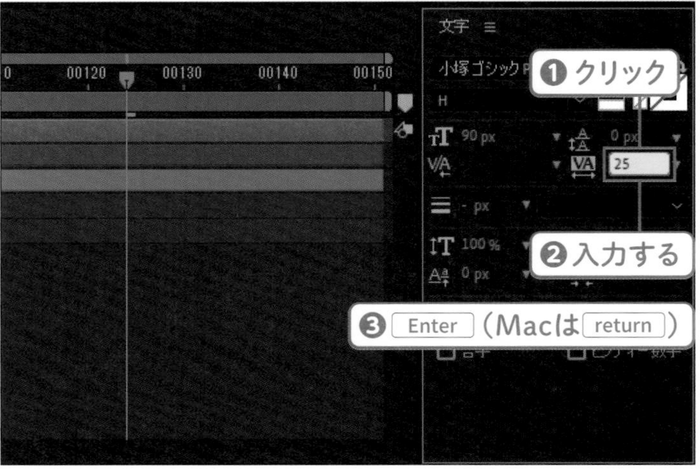

2 文字全体の文字間を調整する

[文字] パネルの [選択した文字のトラッキングを設定] の数値部分をクリックし❶、「25」と入力して❷、Enter (Macは return) キーを押します❸。

MEMO

トラッキングとは、1つの文に対しての文字間隔のことです。

3 ［コンポジション］パネルで確認する

文字のトラッキング設定で適切な字間となりました。アルファベットの「A」の形状上、「A」と「F」の字間が広いのがすこし気になるので個別に調整していきます。

4 ［横書き文字］ツールを選択する

［ツール］パネルで［横書き文字］ツールをクリックします❶。

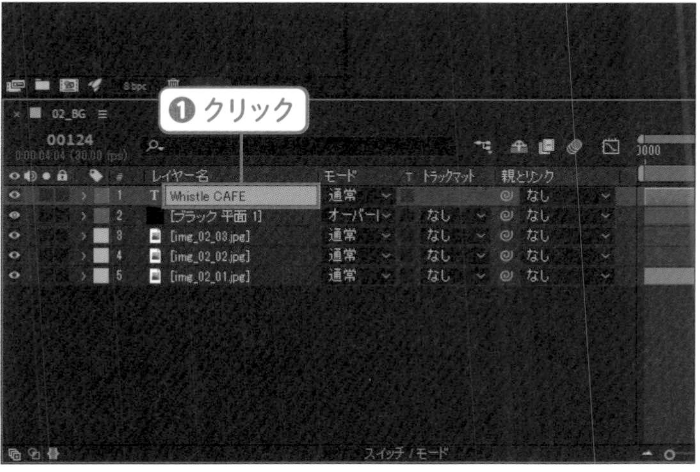

5 テキストレイヤーを選択する

［タイムライン］パネルのテキストレイヤーをクリックします❶。

6 調整箇所を選択する

［コンポジション］パネルで「A」と「F」の間をクリックします❶。

7 ［コンポジション］パネルを確認する

図のようにカーソル（赤い縦棒）が「A」と「F」の間にあることを確認します❶。

MEMO

赤い縦線のカーソルはキーボートの左右矢印キーを使って、移動することができます。

8 文字間を狭くする

［文字］パネルの［文字間のカーニング設定］の数値部分をクリックして❶、「-30」と入力します❷。

MEMO

数値部分が「メトリクス」という表記の場合があります。

9 ［整列］パネルを表示する

字間が調整できました。テキストが中央からずれた配置となっているため修正します。［整列］をクリックして❶、［整列］パネルを表示させます。

10 水平方向へと画面中央に配置する

［水平方向に整列］を クリックして❶、画面の左右中央にテキストを配置します。

11 垂直方向へと画面中央に配置する

［垂直方向に整列］を クリックして❶、画面の上下中央にテキストを配置します。

Lesson 04

アニメーションを設定しよう

練習ファイル 0304a.aep
完成ファイル 0304b.aep

After Effectsにはテキストを文字ごとにアニメーションさせるツールが標準機能として搭載されています。それらを使ってテキストアニメーションの基本を学びましょう。

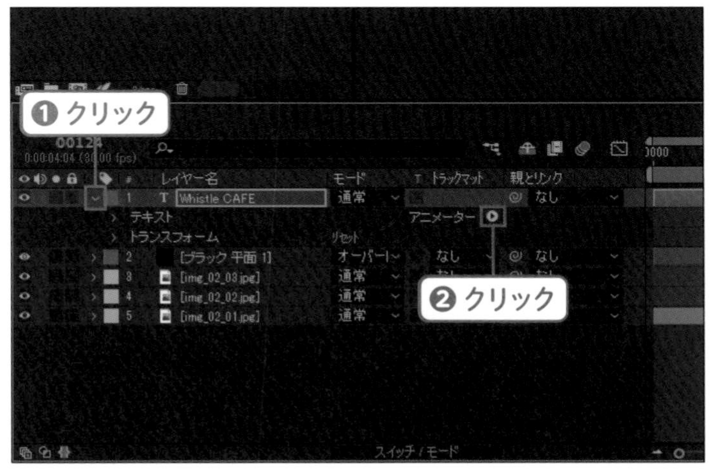

1 テキストレイヤーに［アニメーター］を追加する

［タイムライン］パネルのテキストレイヤー左横の ▶ をクリックし❶、［テキスト］の［アニメーター］の ▶ をクリックします❷。

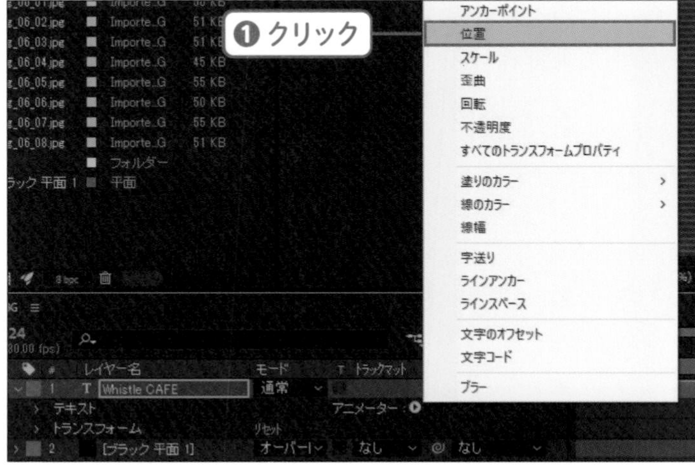

2 ［位置］を選択する

表示されるメニューから［位置］をクリックします❶。

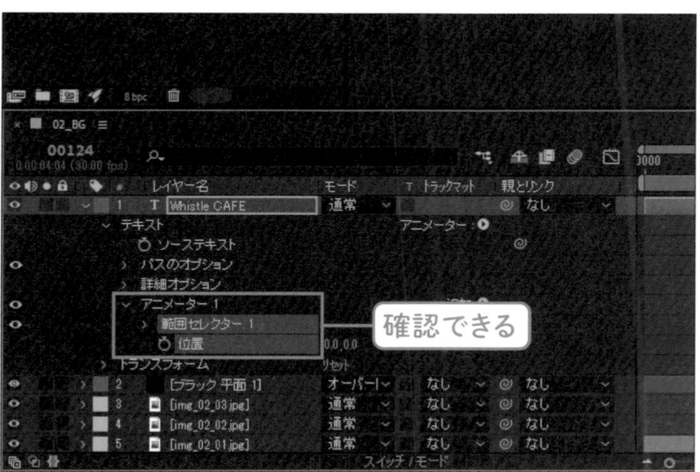

3 [アニメーター 1] が追加される

自動的にテキストに [アニメーター 1] が追加され、[アニメーター 1] 内に [範囲セレクター 1]、[位置] のプロパティが確認できます。

4 アニメーションはじまりの表示位置を設定する

[アニメーター 1] 内 [位置] プロパティの数値部分 [0.0,0.0] の右側をクリックして、「0.0,410.0」になるように入力します❶。

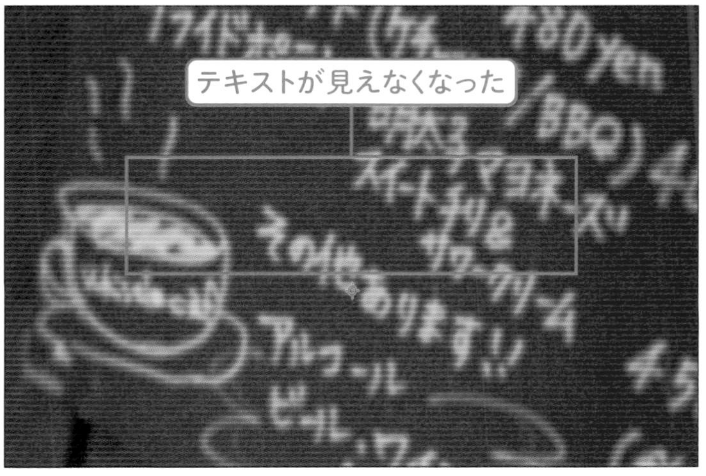

5 [コンポジション] パネルで確認する

数値を入力するとテキストが画面下に移動し、[コンポジション] パネルからテキストが見えなくなります。

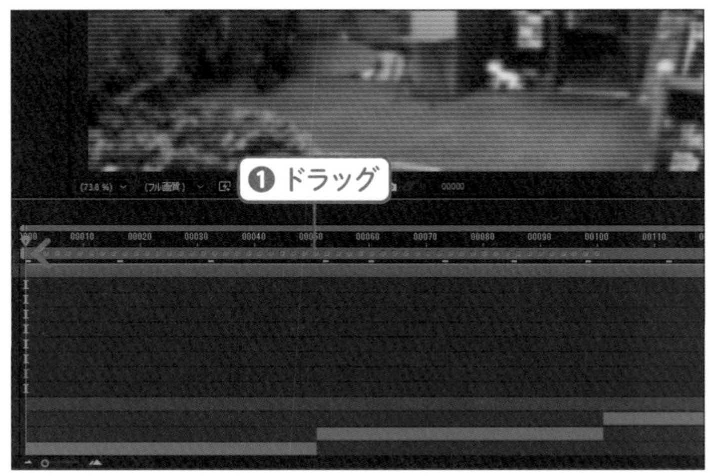

6 ［現在の時間インジケーター］を移動させる

アニメーションのタイミングを決めます。［現在の時間インジケーター］を「0」フレームまでドラッグします❶。

7 「0」フレームにキーフレームを追加する

［アニメーター 1］の［範囲セレクター 1］の ▶ をクリックし❶、表示された［開始］の［ストップウォッチ］ をクリックします❷。

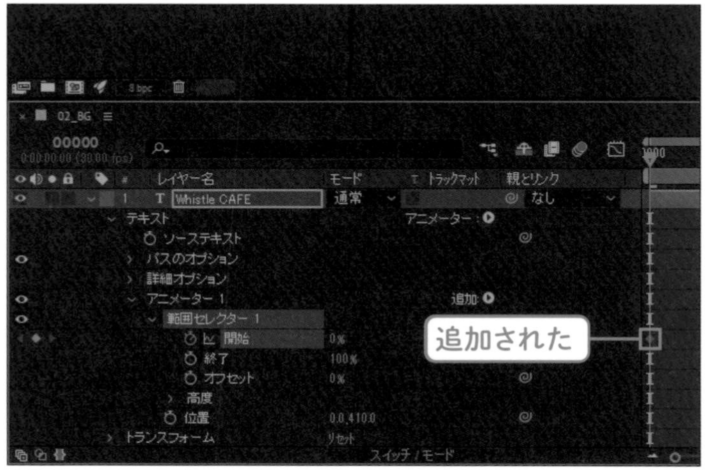

8 ［タイムライン］パネルで確認する

［タイムライン］パネルで「0」フレームの位置に「開始」の値「0」のキーフレームが追加されました。

9 ［現在の時間インジケーター］を移動させる

アニメーションのタイミングを決めます。［現在の時間インジケーター］を「80」フレームまでドラッグします❶。

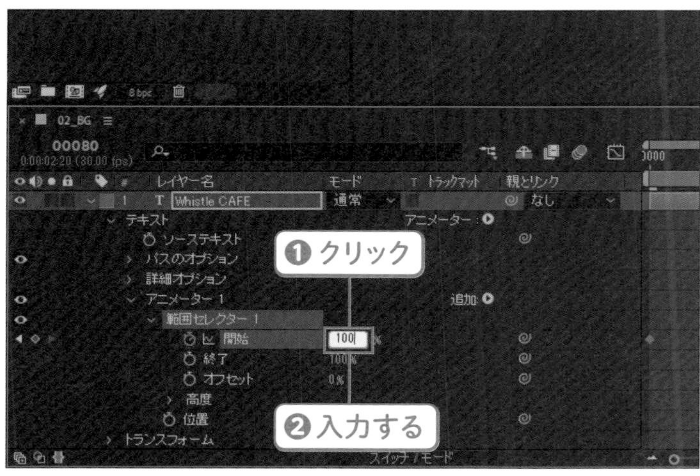

10 「80」フレームにキーフレームを追加する

［開始］の数値部分をクリックし❶、「100」と入力して❷、キーフレームを追加します。

11 ［タイムライン］パネルで確認する

［タイムライン］パネルで［開始］の「80」フレームの位置に数値「100」のキーフレームが追加されました。

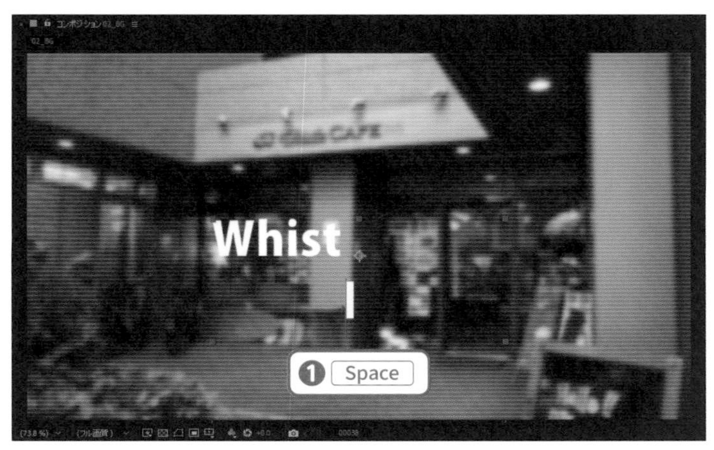

12 再生して確認する

Space キーを押して❶、再生します。指定した位置情報をもとに、画面下から文字が移動してくるアニメーションを付けることができました。

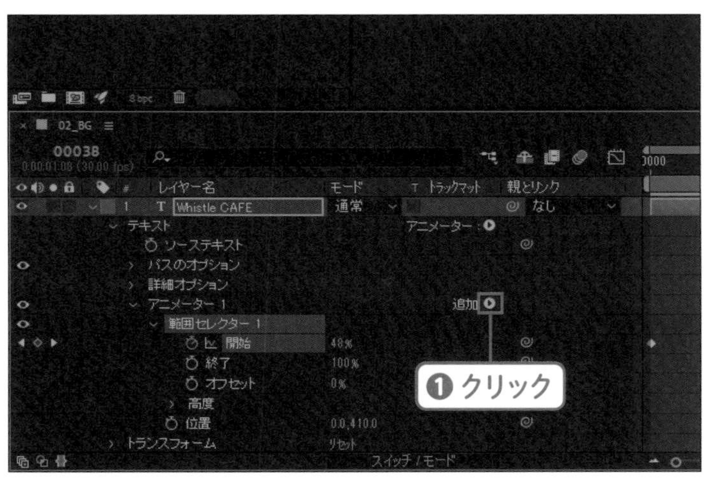

13 ［アニメーター 1］に［プロパティ］を追加する

拡大して出現するような別のアニメーションを追加します。［アニメーター 1］の右側にある［追加］の ▶ をクリックします❶。

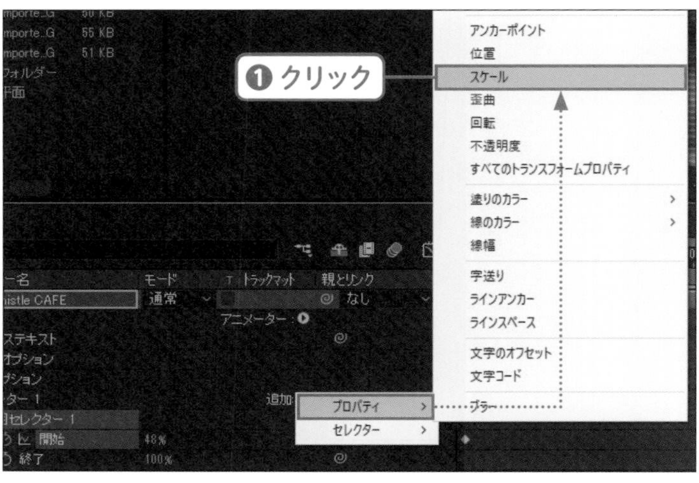

14 ［スケール］プロパティを選択する

［プロパティ］→［スケール］の順にクリックします❶。

15 [スケール]を「0%」に設定する

[アニメーター1]の[範囲セレクター1]に[スケール]が追加されています。[スケール]の数値部分をクリックし❶、「0.0,0.0」になるように設定します❷。

16 [現在の時間インジケーター]を動かして確認する

アニメーションを作成した0〜80フレーム間で[現在の時間インジケーター]を左右にドラッグし❶、[コンポジション]パネルを確認します❷。文字が下から出現する際、文字の大きさが変わるアニメーションが追加されました。

Check! アニメーター機能について

After Effectsのテキストレイヤーには[アニメーター]という機能が備わっています。[テキスト]プロパティの横にある[アニメーター]の[追加]▶から作成することができます。追加できるプロパティは[トランスフォーム]と似ていますが、レイヤー全体にアニメーションを作成する[トランスフォーム]に対して、[アニメーター]では文字単位や、行単位で個別にアニメーションを作成することができます。[アニメーター]の中には、文字間のトラッキングを変えるアニメーションが作成できる[字送り]や、ランダムに文字を表示させる[文字のオフセット]など、複雑なアニメーションを簡単に作成できるものも含まれます。

Lesson 05

アニメーションにメリハリを付けよう

練習ファイル 0305a.aep
完成ファイル 0305b.aep

作成したテキストアニメーションにAfter Effectsの基本機能を使って動きのメリハリを付けます。動画の雰囲気をよくするひと手間になります。

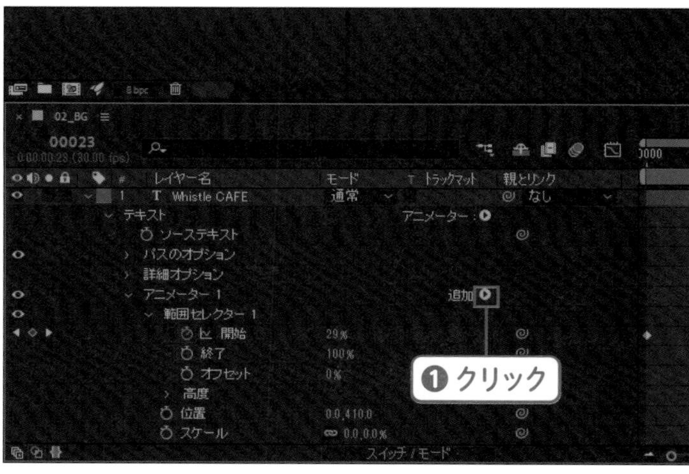

1 [アニメーター 1] にプロパティを追加する

テキストレイヤーの [アニメーター 1] の右にある [追加] ▶ をクリックします❶。

2 [ブラー] を追加する

[プロパティ] → [ブラー] の順にクリックします❶。

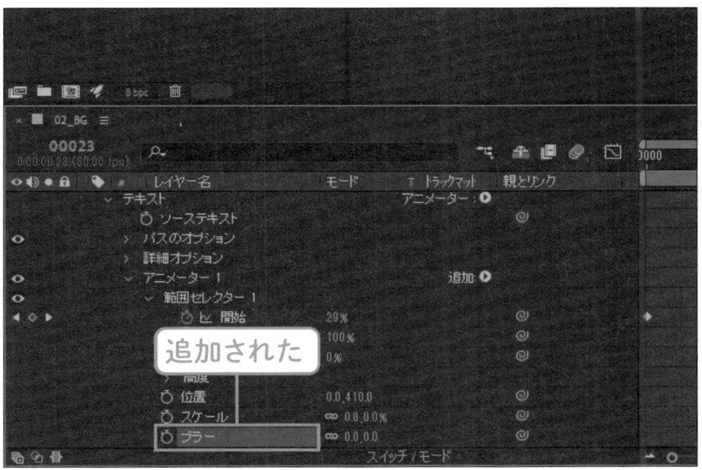

3 [ブラー]プロパティを確認する

アニメーター1のプロパティに[ブラー]が追加されました。

MEMO

[ブラー]とは「ぼかす」ことですが、ここでのブラーは、動きに応じたぼかしです。高速で動いているものは詳細がぼけて見えます。

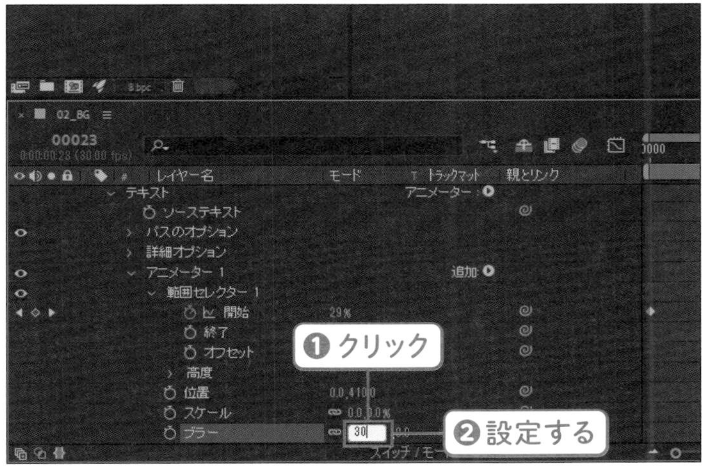

4 [ブラー]の数値を変更する

[ブラー]の数値部分をそれぞれクリックし❶、「30.0,30.0」に設定します❷。

MEMO

[ブラー]の右にある[現在の横断比を固定]をクリックすると、縦横別々の数値を入力できます。

5 再生して確認する

Space キーを押して❶、再生します。ブラーが追加されたことで、スピード感のあるアニメーションが作成できました。一定速度でアニメーションさせているので、直線的な動きになっているのを以降の手順で調整していきます。

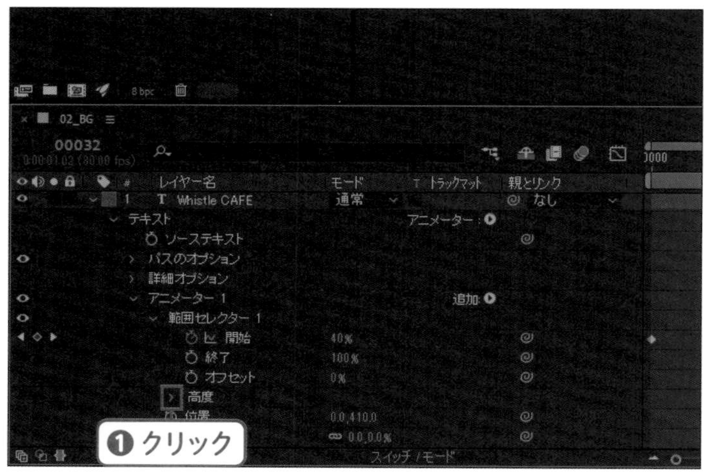

6 ［高度］のパラメーターを開く

［高度］のパラメーターを調整することで、アニメーションの印象を変更することができます。［範囲セレクター1］の［高度］の ▶ をクリックします❶。

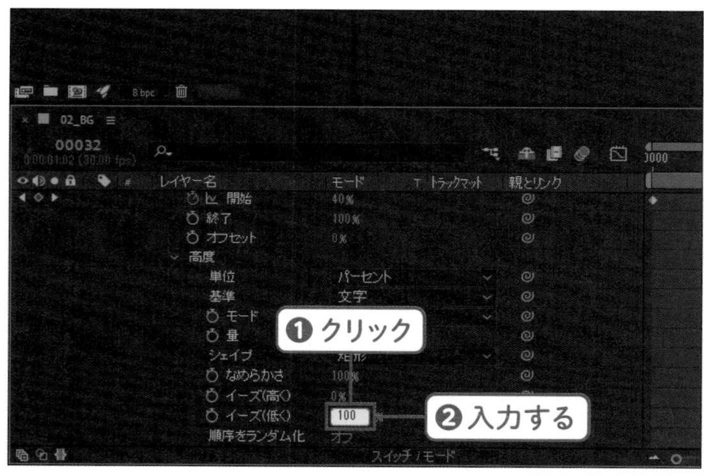

7 ［イーズ（低く）］を調整する

［イーズ（低く）］の値をクリックし❶、「100」と入力します❷。

MEMO

［イーズ］とは「加速・減速」のことです。地球上の物体は、加速や減速しながら移動するので、イーズを付けたほうが見たことのある馴染みのある気持ちいい動きに感じます。

8 再生して確認する

Space キーを押して❶、再生します。イーズを追加したことで、アニメーションの止まる動きが緩やかになりました。

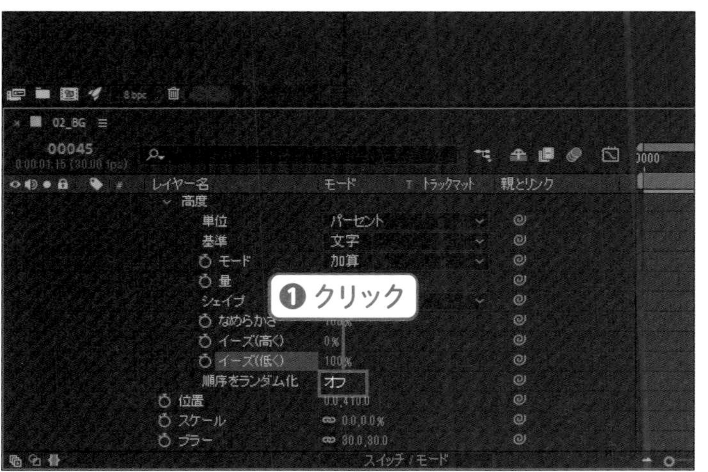

9 文字の表示順をランダムにする

現状は文字が左から順番に表示されるようなアニメーションとなっていますが、ランダムに表示させてみましょう。［高度］の［順序のランダム化］の［オフ］をクリックし❶、表示を［オン］に切り替えます。

MEMO

ランダムの結果を調整したい場合は、［ランダムシード］の数値を適宜入力しましょう。

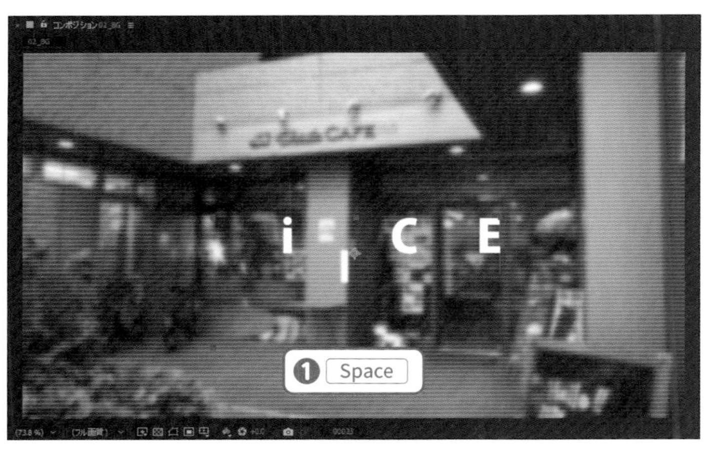

10 再生して確認する

Space キーを押して❶、再生します。下方向からテキストがランダムに表示されるアニメーションができました。

11 レイヤープロパティを閉じる

レイヤープロパティが開いたままでは以降の作業が行いにくいので、開いてあるプロパティを閉じていきます。［高度］→［範囲セレクター1］→［アニメーター1］→［テキスト］→レイヤー名の順に ˅ クリックして、閉じます。

Column

テキストテンプレートの利用について

第3章ではテキストの［アニメーター］に［位置］や［スケール］プロパティを追加してアニメーションを作成しましたが、After Effectsにはテキストアニメーションのテンプレートが豊富に用意されています。1文字ずつテキストが表示される［タイプライタ］や、立体的で複雑なアニメーションをボタン1つで付けられる［3D Text］系のテンプレートなど、テンプレートを適用して、すこし数値を調整するだけでも見栄えのいいアニメーションを作成できます。

▶テキストテンプレートの利用方法

［エフェクト＆プリセット］パネルで［アニメーションプリセット］→［Text］の順にクリックすると❶、テキストアニメーションの種類ごとにフォルダー分けされています。［タイムライン］パネルで、適用したいテキストレイヤーをクリックし❷、任意のテンプレートをダブルクリックすると❸、選択したテキストレイヤーにアニメーションが適用されます。以下では［3D はためき（ランダムイン）］を適用しています。［エフェクト＆プリセット］パネルが表示されていない場合は、［ウィンドウ］メニュー→［エフェクト＆プリセット］の順にクリックして表示します。

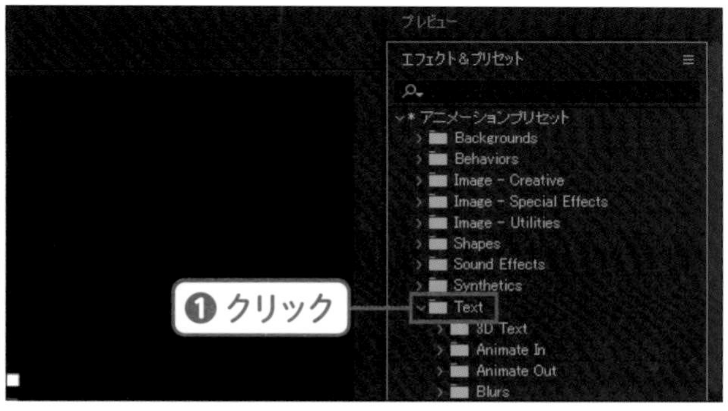

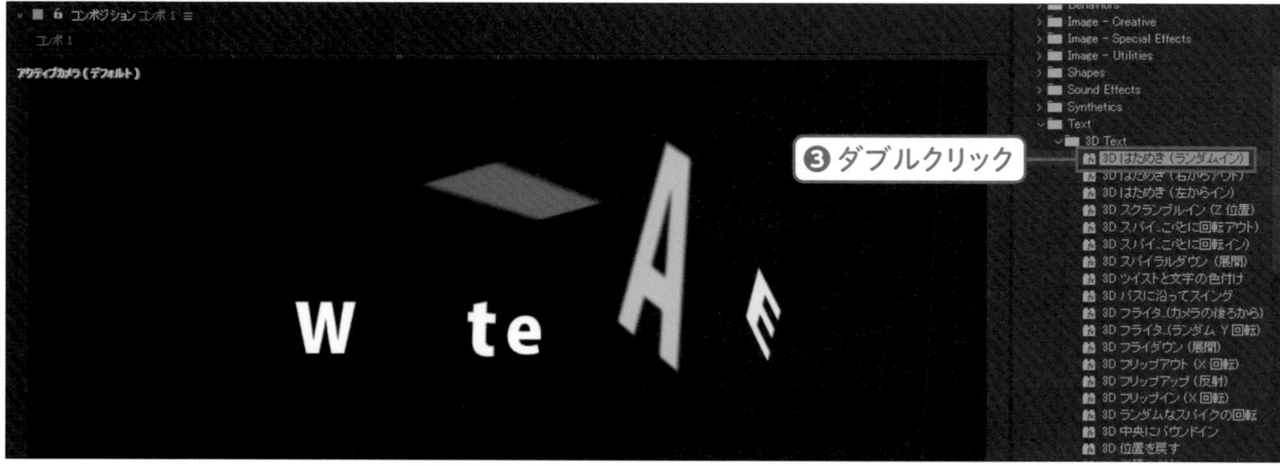

Chapter

テロップを作ろう

第4章では、テロップを表示させる方法について学びます。テロップとは、映像の上に重ねて表示される画像や文字情報のことで、一般的には文字情報のみを指して使われることが多いようです。映像だけでは伝えきれない情報を補ったり、動画の雰囲気を華やかに演出するなど、さまざまな役割や効果があります。読みやすく効果的なテロップを制作してみましょう。

Visual Index | Chapter 4

テロップを作ろう

完成イメージ

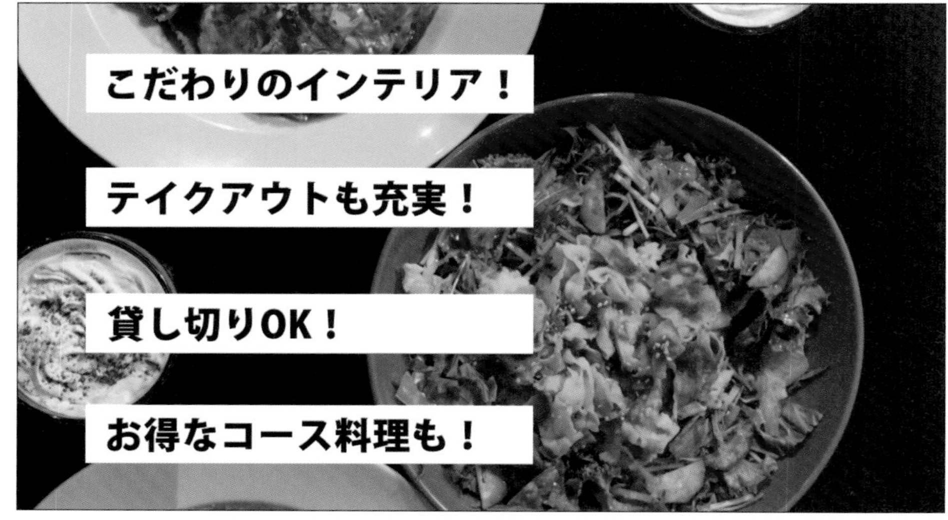

この章のポイント

この章では、背景となる画像を配置し、その上にテロップを表示させる方法を学びます。文字の見やすさや、動きの緩急を意識したテロップで、動画のクオリティを上げていきましょう。

POINT 1 テキストを配置する

背景となる画像の上に、テキストを配置します。

→ P.104

POINT 2 文字の下に帯を配置する

文字を見やすくするために、四角い帯状の図形を配置します。

→ P.114

POINT 3 アニメーションを付ける

テロップが画面外からスライドしてくるアニメーションを制作します。

→ P.122

POINT 4 レイヤー間で動きを連動させる

複数のレイヤーの動きを連動させる、［親とリンク］を使用したレイヤーの親子関係について学びます。

→ P.124

Lesson

01 背景画像を配置しよう

見やすいテロップを作成するためには、背景とのバランスも重要です。ここではまず、背景となる画像を配置しましょう。

練習ファイル 0401a.aep
完成ファイル 0401b.aep

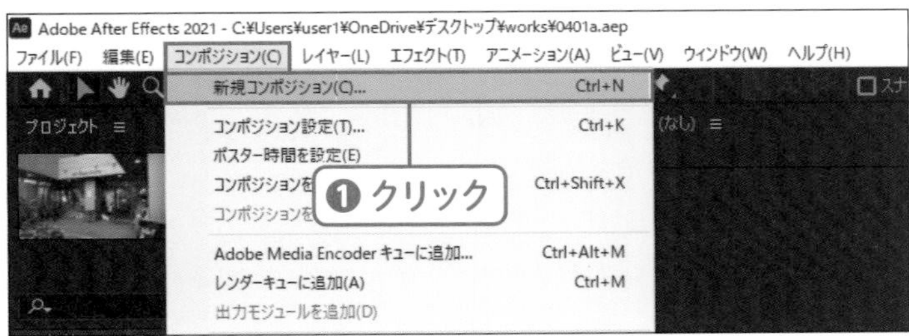

1 ［新規コンポジション］を作成する

新しいカットを制作するので、［新規コンポジション］を作成します。［コンポジション］メニュー→［新規コンポジション］の順にクリックします❶。

2 ［コンポジション設定］画面で設定する

［コンポジション設定］画面が表示されるので、以下のように設定します❶。

幅	1280
高さ	720
フレームレート	30
解像度	フル画質
開始フレーム	00000
デュレーション	00181

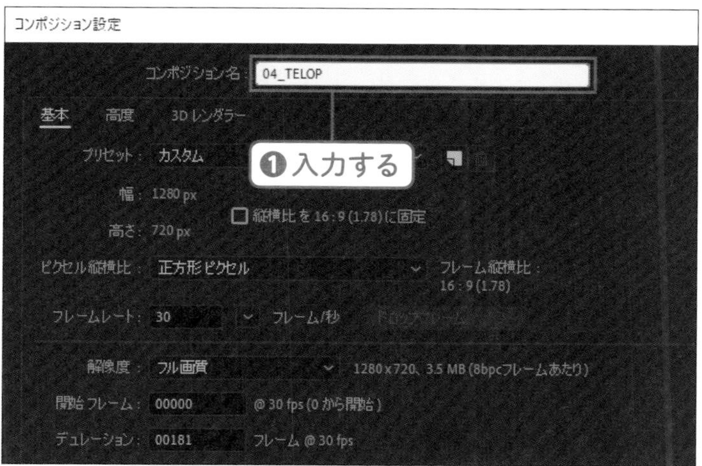

3 [コンポジション名]を変更する

[コンポジション設定]画面の[コンポジション名]に「04_TELOP」と入力します❶。

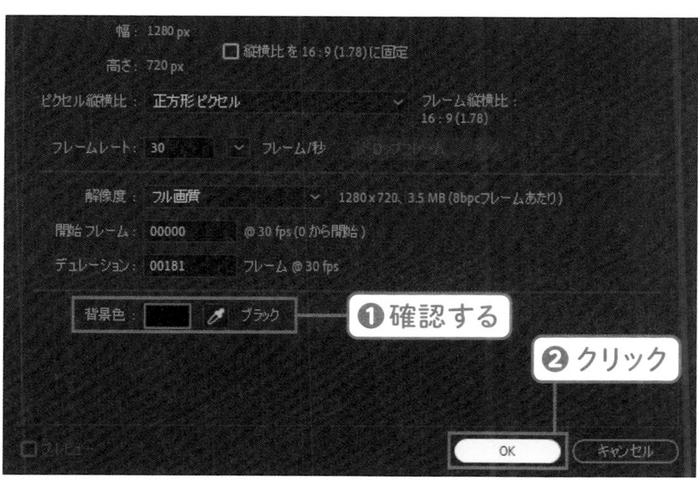

4 [コンポジション設定]画面を閉じる

[背景色]が[ブラック]になっていることを確認し❶、[OK]をクリックして❷、[コンポジション設定]画面を閉じます。

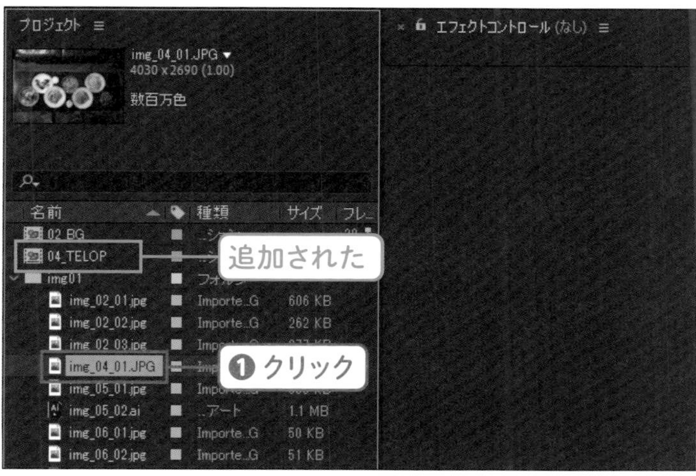

5 [プロジェクト]パネルで画像ファイルを選択する

[プロジェクト]パネルに「04_TELOP」が追加されました。[プロジェクト]パネルの[img01]→「img_04_01.JPG」の順にクリックし❶、画像データを選択します。

6 ［タイムライン］パネルに配置する

選択した「img_04_01.JPG」ファイルを［タイムライン］パネルにドラッグ＆ドロップします❶。

7 画像ファイルを確認する

［タイムライン］にレイヤーとして追加されて、［コンポジション］パネルで画像が表示されました。

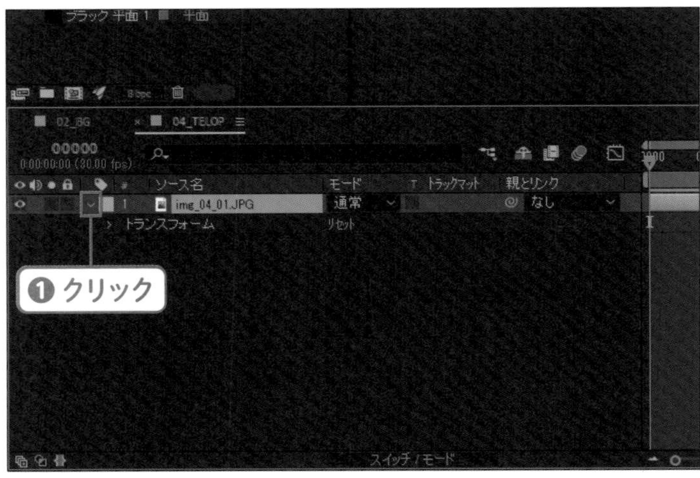

8 ［トランスフォーム］プロパティを表示する

画像ファイルの向きを回転させてみましょう。「img_04_01.JPG」レイヤー左横の ▶ をクリックし❶、［トランスフォーム］プロパティを表示させます。

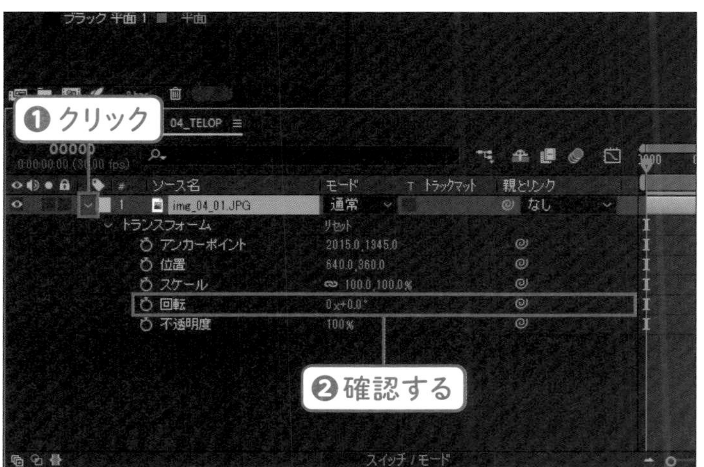

9 ［回転］プロパティを表示する

［トランスフォーム］プロパティ左横の ＞ をクリックし❶、各種プロパティを表示して、［回転］プロパティを確認します❷。

10 ［回転］プロパティに数値を入力する

回転プロパティの数値部分「+0.0°」をクリックし❶、「90」と入力して❷、 Enter （Macは return ）キーを押します❸。画像が90度回転しました。

MEMO

回転プロパティの数値［0×+0.0］の「+0.0」部分に360と入力すると、1回転するので、「1×+0.0」となります。

11 ［現在の時間インジケーター］を移動させる

ゆっくりと斜め方向にスライドするアニメーションを付けていきます。［現在の時間インジケーター］を「0」フレームまでドラッグします❶。

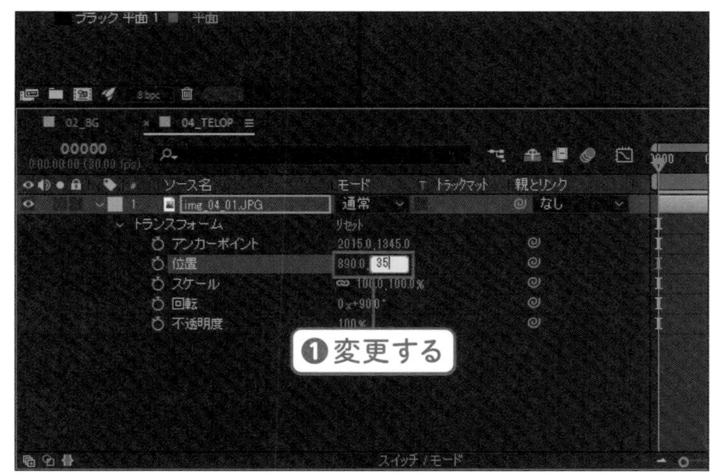

12 ［位置］を変更する

アニメーション開始時の画像ファイルの位置を設定します。「img_04_01.JPG」レイヤーの［トランスフォーム］プロパティの［位置］プロパティの数値を「890.0,35.0」に変更します❶。

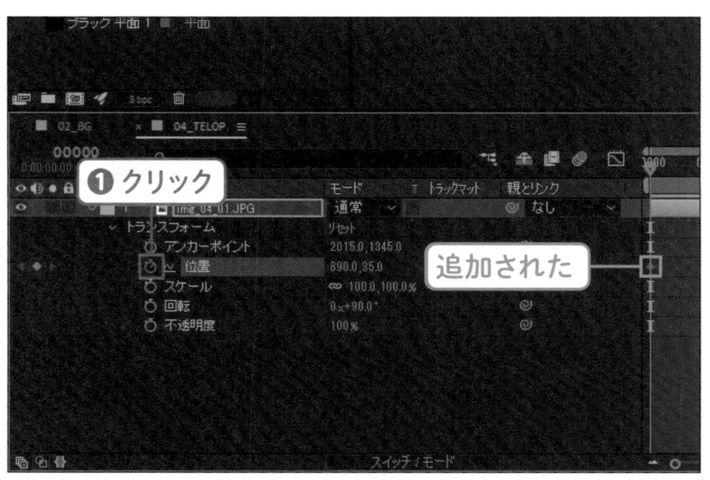

13 キーフレームを打つ

［位置］プロパティ左側のストップウォッチ をクリックします❶。タイムグラフ上の「0」フレームの位置にキーフレームが追加されました。

14 ［現在の時間インジケーター］を移動させる

アニメーション終了時の画像ファイルの位置を変更していきます。［現在の時間インジケーター］を「180」フレームまでドラッグします❶。

15 [位置]を変更する

[位置]プロパティの数値を「760.0, 440.0」に変更します❶。

16 キーフレームを確認する

[位置]の数値を変更すると、タイムグラフ上にキーフレームが自動で追加されました。

17 再生して確認する

Space キーを押して❶、再生します。「6秒間で斜め左下に向かって画像が移動する」アニメーションができました。

Lesson 02

テキストを配置しよう

テロップとなるテキストを配置していきましょう。複数のレイヤーを揃えて配置する［整列］パネルの使い方も学びます。

練習ファイル　0402a.aep
完成ファイル　0402b.aep

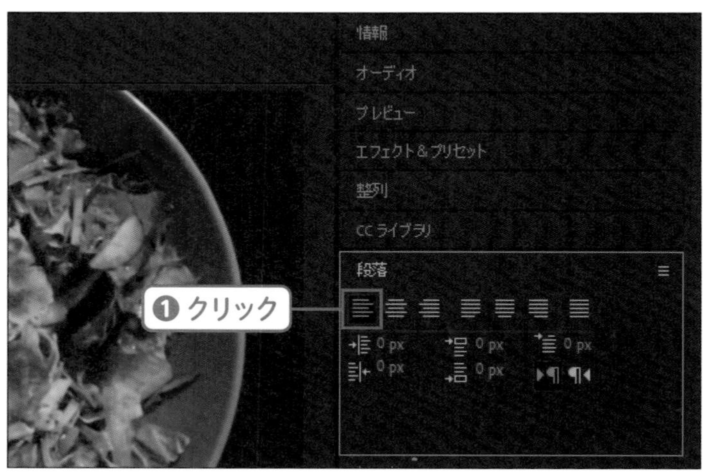

1　テキストを左揃えにする

［段落］パネルを表示し、［テキストの左揃え］をクリックします❶。

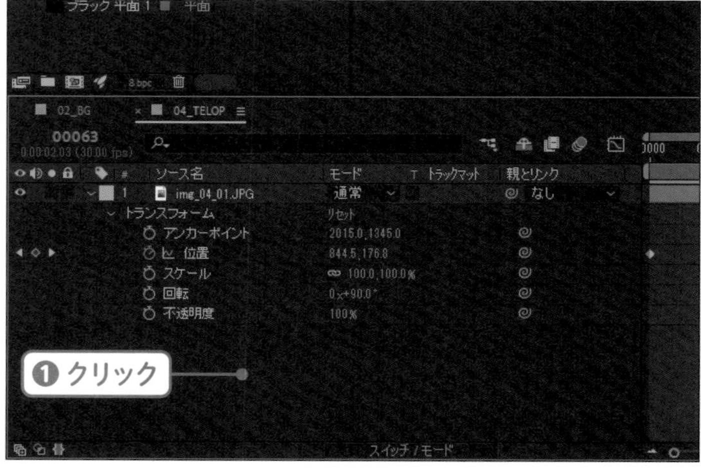

2　［タイムライン］パネルを選択する

テキストレイヤーを追加する前に、［タイムライン］パネルの何もないところをクリックします❶。［タイムライン］パネルが選択されていないと、次の手順で行う、新規テキストの追加メニューを選択することができません。

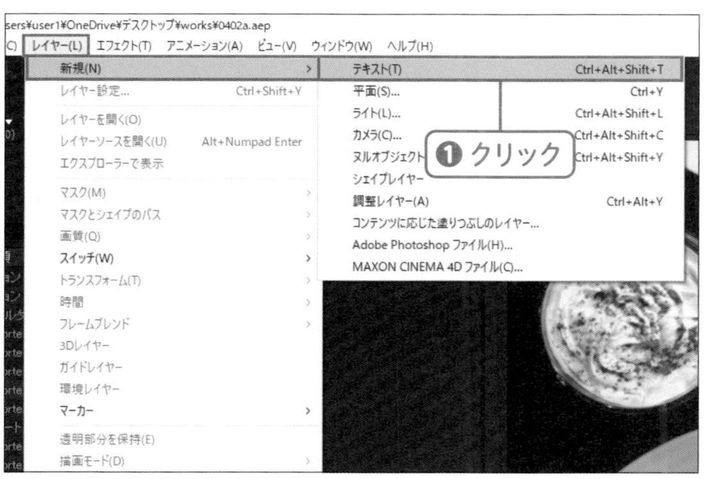

3 テキストレイヤーを配置する

［レイヤー］メニュー→［新規］→［テキスト］の順にクリックします❶。

4 テキストを入力する

「こだわりのインテリア！」と入力します❶。

MEMO

テキストが入力できない場合は、［タイムライン］パネルの<空白のテキストレイヤー>をダブルクリックし、入力します。

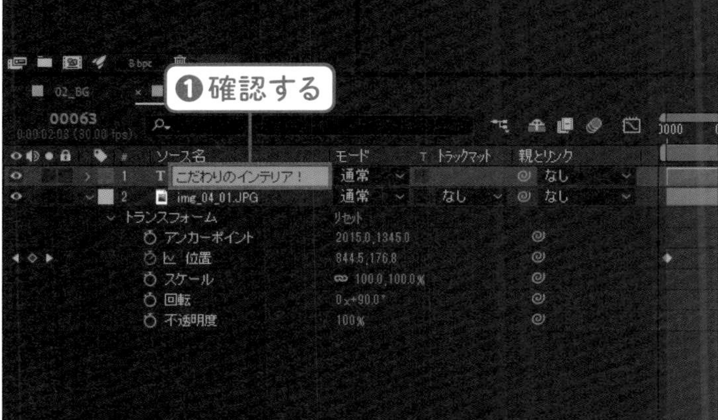

5 テキストレイヤーを選択する

［タイムライン］パネルのテキストレイヤーが入力したテキストに変わります。このテキストレイヤーが選択されていることを確認します❶。

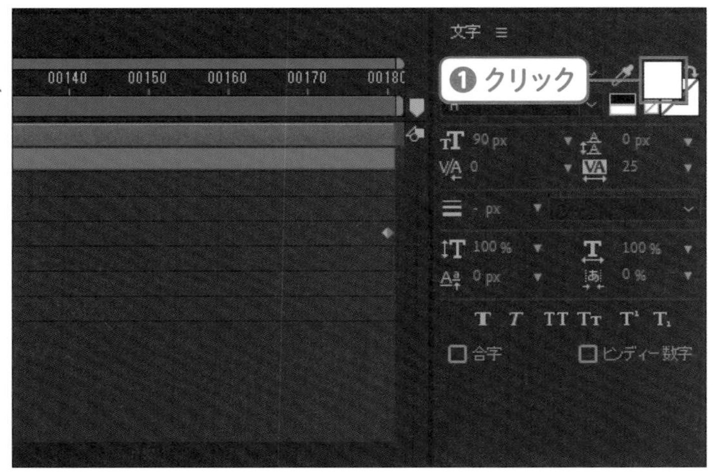

6 ［文字］パネルで［テキストカラー］を表示させる

［文字］パネルを表示し、［塗りのカラー］をクリックします❶。

7 テキストカラーを設定する

［テキストカラー］画面が表示されるので、［RGB］の数値を以下のように設定し❶、［OK］ボタンをクリックして❷、画面を閉じます。

R	0
G	0
B	0

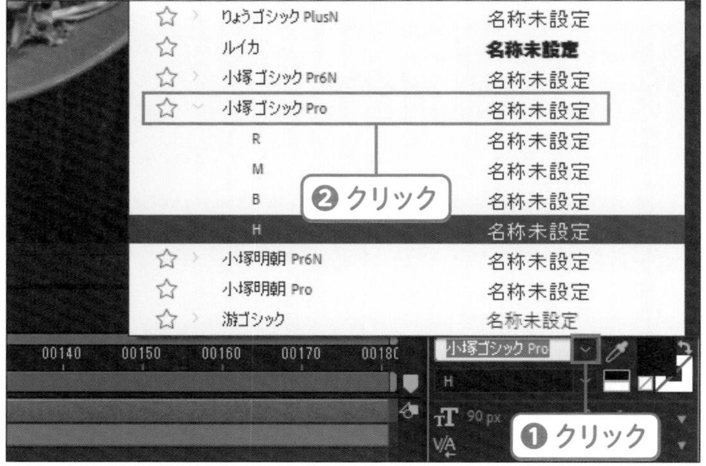

8 フォントファミリーを変更する

［文字］パネルの［フォントファミリーを設定］の ▼ をクリックし❶、表示されるメニューから［小塚ゴシック Pro］をクリックして❷、変更します。

MEMO

「小塚ゴシックPro」がない場合は、「游ゴシック」や「ヒラギノ角ゴシック」を選びます。

9 フォントスタイルを変更する

[文字]パネルの[フォントスタイルを設定]の をクリックし❶、表示されるメニューから[H]をクリックして❷、変更します。

MEMO

[R]と[M]の場合は、[M]選択してください。小塚ゴシックPro以外のフォントを選択している場合は、「Regular」などの任意のものを選択します。

10 フォントサイズを変更する

[文字]パネルの[フォントサイズを設定]の数値部分をクリックし❶、「50」と入力して❷、Enter（Macは return）キーを押します❸。

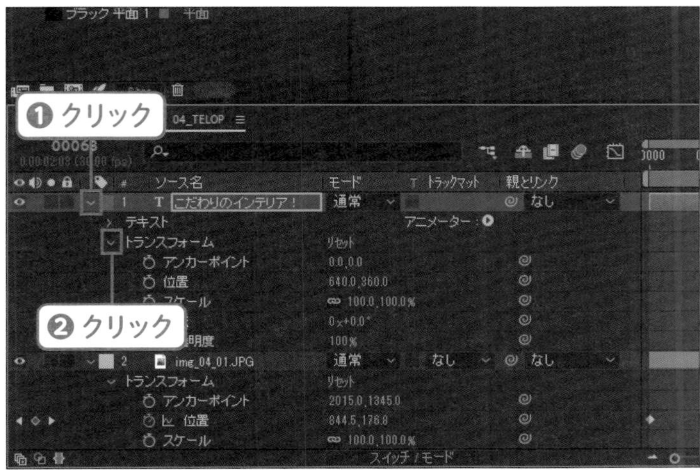

11 [トランスフォーム]プロパティを表示する

テキストレイヤーの左隣にある をクリックし❶、[トランスフォーム]プロパティの左隣にある をクリックして❷、トランスフォーム内のプロパティを表示させます。

12 テキストレイヤーの[位置]を変更する

[位置]プロパティの数値を「140.0,145.0」に変更すると❶、テキストが左上あたりの位置に移動します。

●テキストレイヤーを複製する

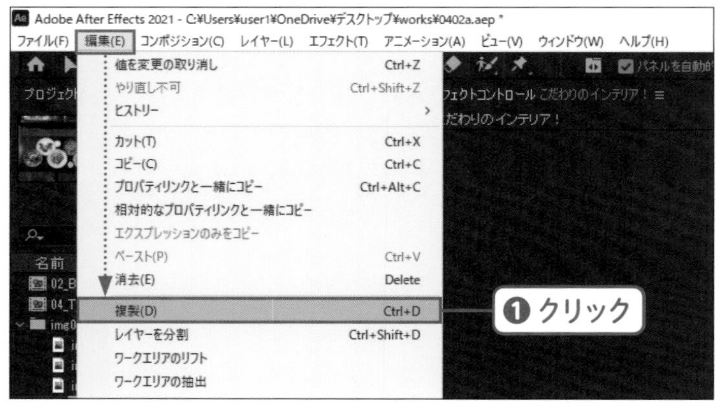

1 テキストレイヤーを複製する

作成したテキストレイヤーは、フォントスタイルやサイズを引き継ぐ形で複製することができます。[レイヤー]パネルでテキストレイヤーをクリックして、[編集]メニュー→[複製]の順にクリックします❶。

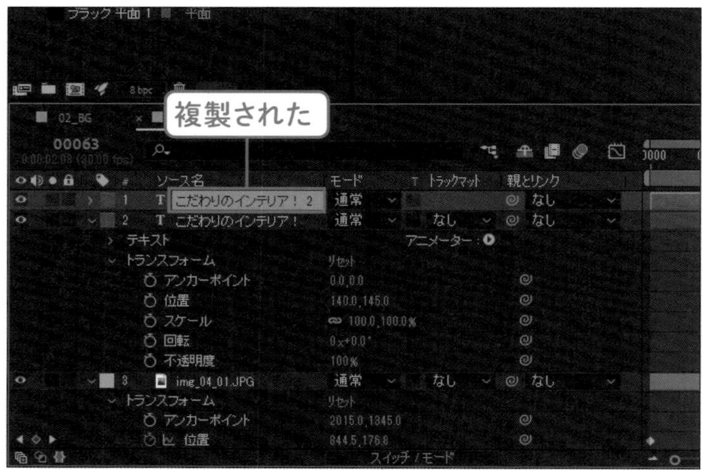

2 [タイムライン]パネルで確認する

[複製]すると、[タイムライン]パネルに「こだわりのインテリア！ 2」というレイヤーが複製されています。

3 さらに複製する

合計4つのテキストを画面内に配置したいので、同様の手順であと2回複製します❶。

MEMO

［タイムライン］パネルにテキストレイヤーが4つあるようにしましょう。

4 ［コンポジション］パネルで確認する

［タイムライン］パネルでは4つのテキストレイヤーがありますが、［コンポジション］パネルには1つのテキストしかないように見えます。これは複製したレイヤーが同じ位置に重なってしまっているからです。

5 すべてのテキストレイヤーを選択する

「こだわりのインテリア！」レイヤーをクリックし❶、Shift キーを押しながら「こだわりのインテリア！4」レイヤーをクリックします❷。4つのテキストレイヤーが選択されました。

6 ［位置］プロパティを開く

4つすべてのテキストレイヤーが選択された状態で、ショートカットのPキーを押します❶。［位置］プロパティが表示されました。

MEMO

ショートカットがうまく機能しない方は、日本語入力をオフにして（Macの場合は「英字」に切り替えて）、Pキーを押します。

7 複製したレイヤーの位置を変更する

［編集］メニュー→［すべてを選択解除］の順にクリックして、テキストレイヤーの全選択を解除します。複製したテキストレイヤーのそれぞれの［位置］プロパティの数値を以下のように変更します❶。

レイヤー名	［位置］プロパティの数値
こだわりのインテリア！4	140.0,620.0
こだわりのインテリア！3	140.0,470.0
こだわりのインテリア！2	140.0,300.0
こだわりのインテリア！	140.0,145.0

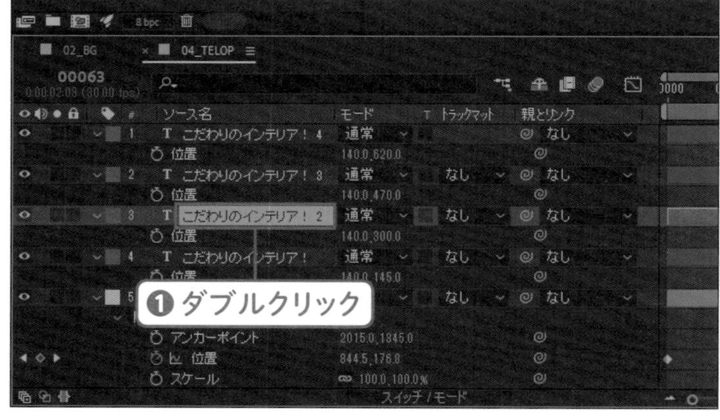

8 「こだわりのインテリア！2」のテキスト内容を変更する

［タイムライン］パネルで「こだわりのインテリア！2」テキストレイヤーをダブルクリックします❶。

9 テキスト内容を入力する

［コンポジション］パネルで選択しているレイヤーが赤く選択表示されていることを確認し❶、Delete キーを押して❷、元のテキストを削除し、「テイクアウトも充実！」と入力します❸。

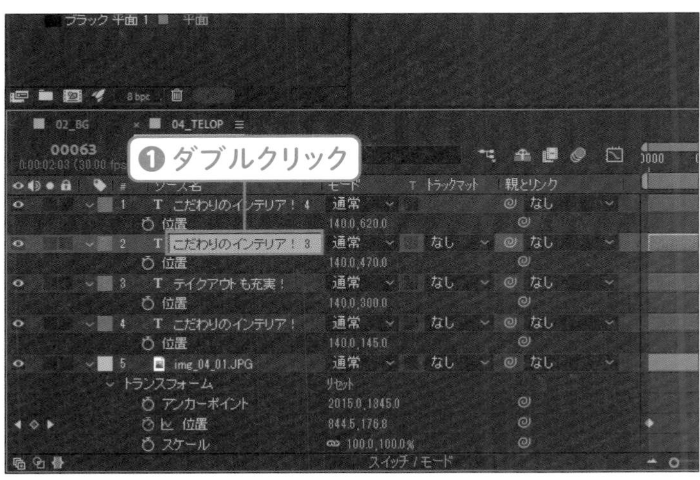

10 「こだわりのインテリア！3」のテキスト内容を変更する

［タイムライン］パネルで「こだわりのインテリア！3」テキストレイヤーをダブルクリックします❶。

11 テキスト内容を入力する

［コンポジション］パネルで選択しているレイヤーが赤く選択表示されていることを確認し❶、Delete キーを押して❷、元のテキストを削除し、「貸し切りOK！」と入力します❸。

12 「こだわりのインテリア！4」のテキスト内容を変更する

［タイムライン］パネルで「こだわりのインテリア！4」テキストレイヤーをダブルクリックします❶。

13 テキスト内容を入力する

［コンポジション］パネルで選択しているレイヤーが赤く選択表示されていることを確認し❶、Deleteキーを押して❷、元のテキストを削除し、「お得なコース料理も！」と入力します❸。

14 すべてのテキストレイヤーを選択する

テキストの内容を入力し直したことで、頭の位置が微妙にずれているので整列させます。キーボードのCtrl（Macはcommand）キーを押しながら、テキストレイヤーを1つずつクリックして❶、選択します。

15 選択したテキストレイヤーを［整列］させる

［整列］パネルの［左揃え］をクリックします❶。文字列の頭が左側できれいに揃いました。

MEMO

次の手順で Space キーを押して再生するために、半角英数字の入力モードに切り替えておきます。

16 再生して確認する

Space キーを押して❶、再生します。動いている背景の上に、テキストが4つ均等間隔に配置されました。背景が黒っぽいところはテキストの色が同化して見づらくなってしまっています。以降の章では、テキストが見やすくなるように進めていきます。

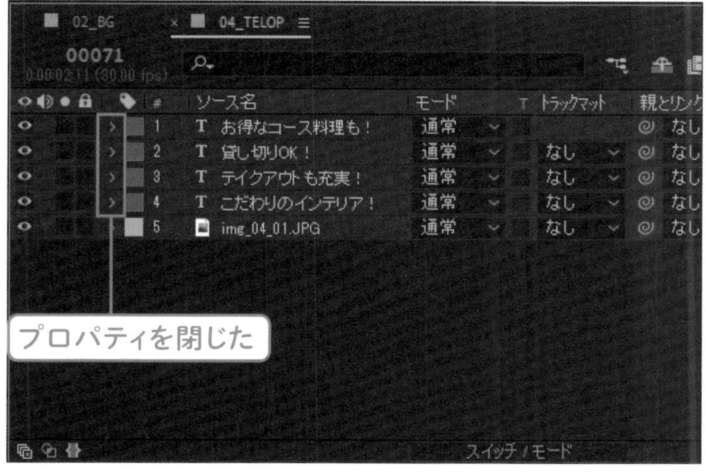

17 レイヤープロパティを閉じる

開いているレイヤープロパティを閉じておきましょう。レイヤー名の左横の ˅ をクリックして、レイヤープロパティを閉じます。

MEMO

開いているレイヤープロパティはすべて閉じておきます。

Lesson 03

図形を配置しよう

練習ファイル　0403a.aep
完成ファイル　0403b.aep

背景とテキストが同系色になってしまう場合、テキストが読みづらくなってしまうことがあります。ここでは、テキストを読みやすくするために背景とテキストの間に図形を配置します。

図形を作成する

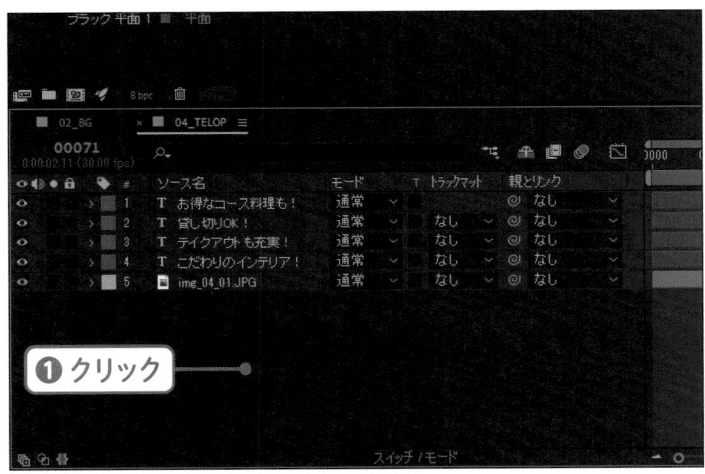

1 ［タイムライン］パネルを選択する

［タイムライン］パネルの何もないところをクリックします❶。［タイムライン］パネルが選択されていないと、次の手順で行う、新規シェイプレイヤーの追加メニューを選択することができません。

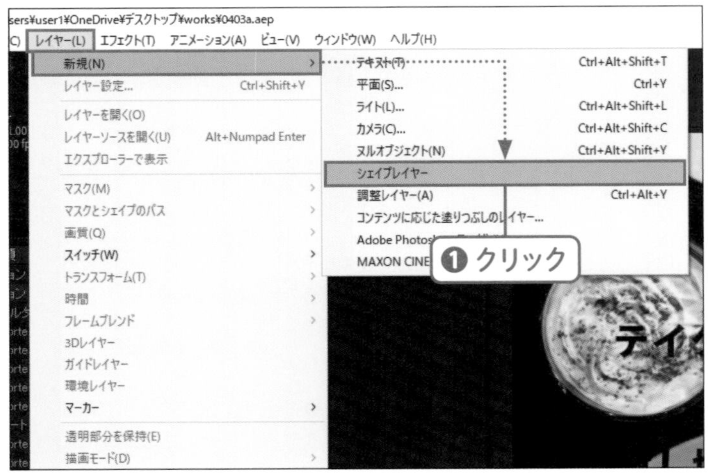

2 ［シェイプレイヤー］を新規作成する

［レイヤー］メニュー→［新規］→［シェイプレイヤー］の順にクリックします❶。

3 ［コンポジション］パネルで確認する

［コンポジション］パネルの中央に青いポイントが作成され、［タイムライン］パネルに「シェイプレイヤー 1」が追加されました。

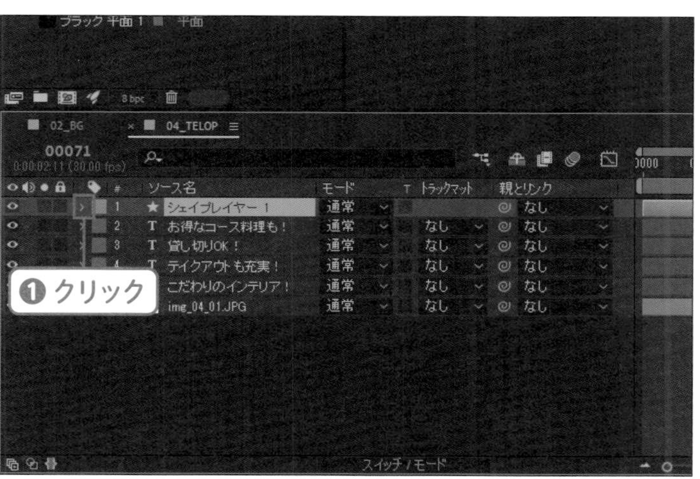

4 レイヤープロパティを表示する

追加されたシェイプレイヤーに長方形の情報を追加していきます。［タイムライン］パネルの「シェイプレイヤー 1」左横の ▶ をクリックします❶。

5 ［長方形］を追加する

［コンテンツ］右にある［追加］▶ →［長方形］の順にクリックします❶。

6 ［コンポジション］パネルで確認する

［コンポジション］パネルの中央に四角いパスが表示されました。

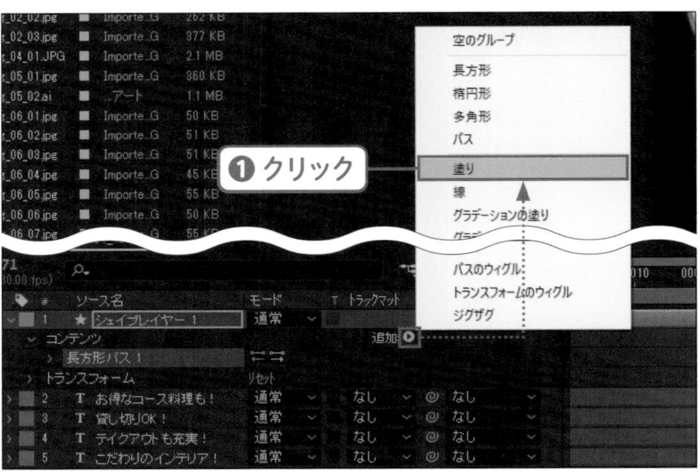

7 ［塗り］を追加する

長方形に塗りの情報を追加していきます。［コンテンツ］右にある［追加］→［塗り］の順にクリックします❶。

8 ［塗り］のプロパティを表示する

［コンテンツ］を追加したことで、「シェイプレイヤー1」の［コンテンツ］内に、［塗り1］と［長方形パス1］が生成されました。［コンテンツ］の［塗り］左横の ▶ をクリックし❶、［カラー］右のカラーボックスをクリックします❷。

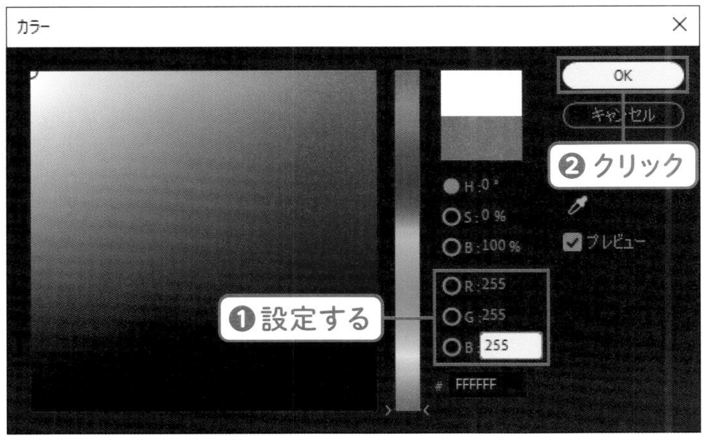

9 塗りの色を変更する

[カラー]画面が表示されるので、RGBの数値を以下のように設定し❶、[OK]をクリックして❷、[カラー]画面を閉じます。

R	255
G	255
B	255

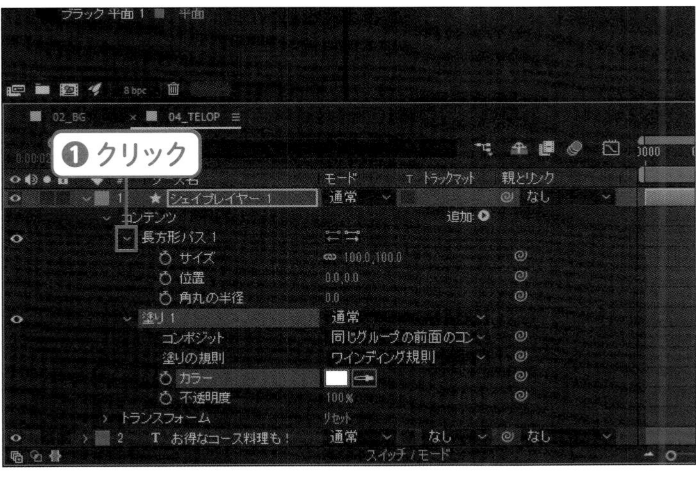

10 [サイズ]を表示する

テキストに合わせてサイズを変更します。[コンテンツ]→[長方形パス1]の順に ▶ をクリックし❶、[長方形パス1]内に[サイズ]を表示させます。

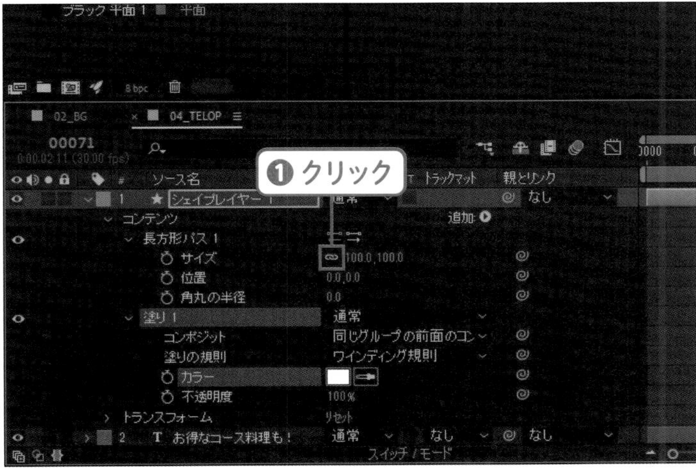

11 [現在の縦横比を固定]を解除する

テキストに合わせて横長の長方形を作成したいので、縦横比を変更します。[サイズ]右の[現在の縦横比を固定] をクリックし❶、縦横比の固定を解除します。

MEMO

縦横比の固定を解除しないと、縦横比を維持したまま拡大縮小します。

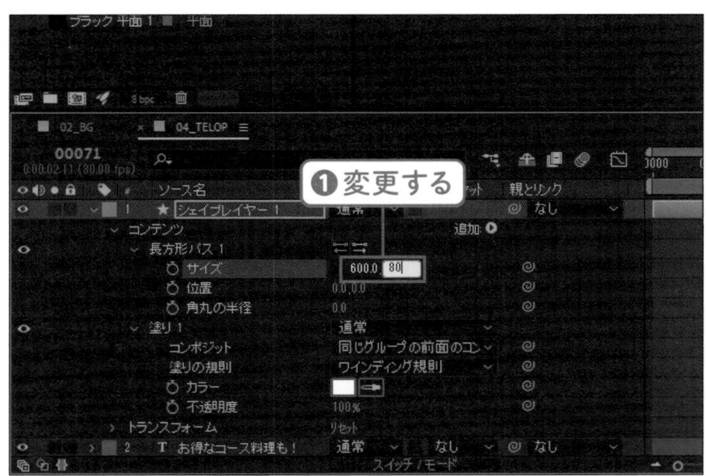

12 [サイズ]を変更する

[サイズ]の数値を「600.0, 80.0」に変更します❶。

● 図形を配置する

1 レイヤー順を変更する

テキストの後ろにシェイプレイヤーを配置したいので、レイヤー順を変更します。「シェイプレイヤー1」を「こだわりのインテリア!」テキストレイヤーの下にドラッグ&ドロップして❶、移動します。

MEMO

シェイプレイヤーのレイヤープロパティが開いていてドラッグ&ドロップしづらい場合は、レイヤープロパティを閉じて操作を行いましょう。

2 テキストレイヤーの[位置]を変更する

「シェイプレイヤー1」の[トランスフォーム]左横の ▸ をクリックし❶、[位置]の値を「410.0, 125.0」に変更します❷。

3 [コンポジション]パネルで確認する

「こだわりのインテリア！」テキストレイヤーの後ろ側に、白い長方形の「シェイプレイヤー1」が配置されました。背景と文字が同系色でしたが、白いシェイプレイヤーが入ることでテキストが読みやすくなりました。

● 図形を複製する

1 複製するレイヤーを選択する

同様に他のテキストにも対応するようにシェイプレイヤーを複製し、配置していきます。[シェイプレイヤー1]をクリックします❶。

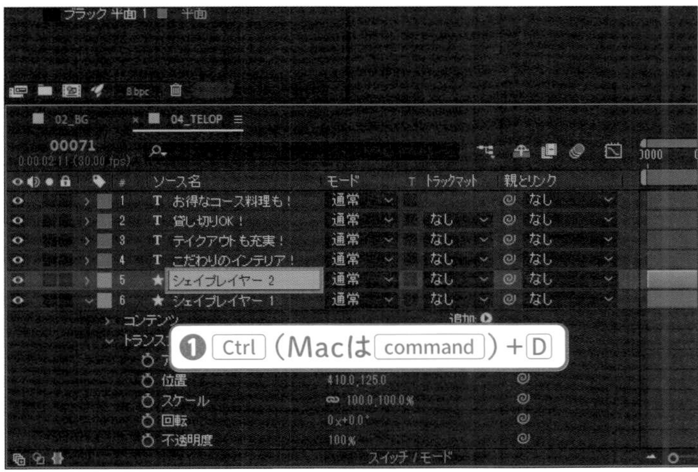

2 シェイプレイヤーを複製する

今回はショートカットキーを使ってみます。Ctrl（Macは command）+D キーを押して❶、複製します。テキストレイヤーに対応して合計4つのシェイプレイヤーが作成されるよう、同様の手順で複製します。

3 複製したシェイプレイヤー2のレイヤー順を変更する

シェイプレイヤーはそれぞれのテキストの後ろ側に配置したいので、レイヤー順を変更します。「シェイプレイヤー2」を「テイクアウトも充実！」テキストレイヤーの下にドラッグ＆ドロップして❶、移動します。

❶ ドラッグ&ドロップ
❷ ドラッグ&ドロップ

4 複製したシェイプレイヤーのレイヤー順を変更する

同様に「シェイプレイヤー3」を「貸し切りOK！」テキストレイヤーの下にドラッグ&ドロップして❶、「シェイプレイヤー4」を「お得なコース料理も！」テキストレイヤーの下にドラッグ&ドロップして❷、移動します。

MEMO

2Dレイヤーの場合、［タイムライン］パネルの下方にあるものほど、［コンポジション］パネルでは画面の奥側に表示されます。

5 シェイプレイヤーの［位置］プロパティを表示させる

Ctrl（Macは command）キーを押しながら［シェイプレイヤー1］から順に4つのシェイプレイヤーをクリックし❶、Pキーを押します❷。

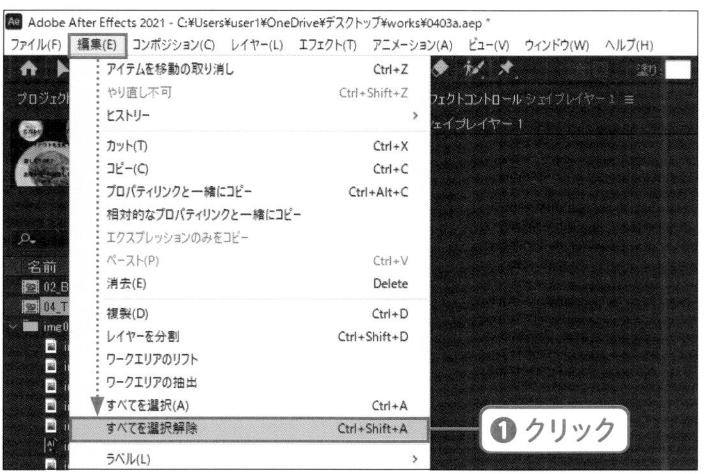

6 シェイプレイヤーの選択を解除する

全選択の状態で数値を変更すると、選択されているすべてのレイヤーに同じ数値が入力されるので、個別に数値を変更する際はテキストレイヤーの全選択を解除しておきます。［編集］メニュー→［すべてを選択解除］の順にクリックします❶。

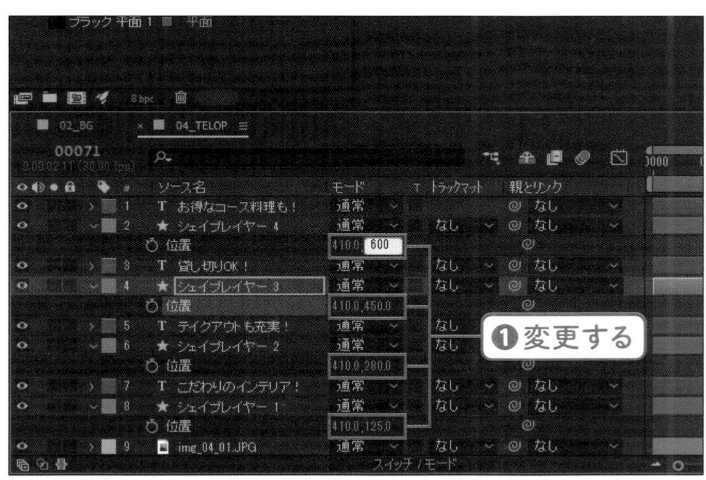

7 数値を変更する

各レイヤーの［位置］プロパティが表示されるので、［位置］プロパティの数値を以下の値になるように変更します❶。

レイヤー名	［位置］プロパティの数値
シェイプレイヤー4	410.0,600.0
シェイプレイヤー3	410.0,450.0
シェイプレイヤー2	410.0,280.0
シェイプレイヤー1	410.0,125.0

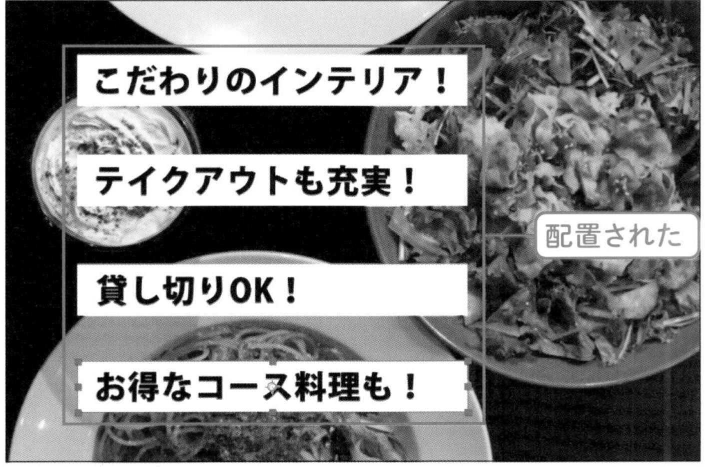

8 ［コンポジション］パネルで確認する

［コンポジション］パネルで確認します。それぞれのテキストレイヤーの後ろ側にシェイプレイヤーが配置されました。

Lesson 04

テロップをアニメーションさせよう

練習ファイル 0404a.aep
完成ファイル 0404b.aep

作成したテロップにアニメーションを付けます。ここでは、[位置] プロパティを使用して、画面左からテロップが入ってくるような動きを作成しましょう。After Effectsの [親とリンク] 機能も紹介します。

●「こだわりのインテリア！」レイヤーに、アニメーションを付ける

1 [現在の時間インジケーター]を「30」フレームに移動する

テロップが画面左側から定位置に移動してくるようなアニメーションを作成します。定位置にキーフレームを追加するために [現在の時間インジケーター] を移動します。[現在の時間インジケーター] を「30」フレームまでドラッグします❶。

2 「こだわりのインテリア！」レイヤーの[位置]プロパティを表示する

「こだわりのインテリア！」レイヤー左横の ▶ をクリックし❶、[トランスフォーム] 左横の ▶ をクリックします❷。

3 [位置]プロパティにキーフレームを追加する

[位置]プロパティのストップウォッチ をクリックし❶、キーフレームを追加します。

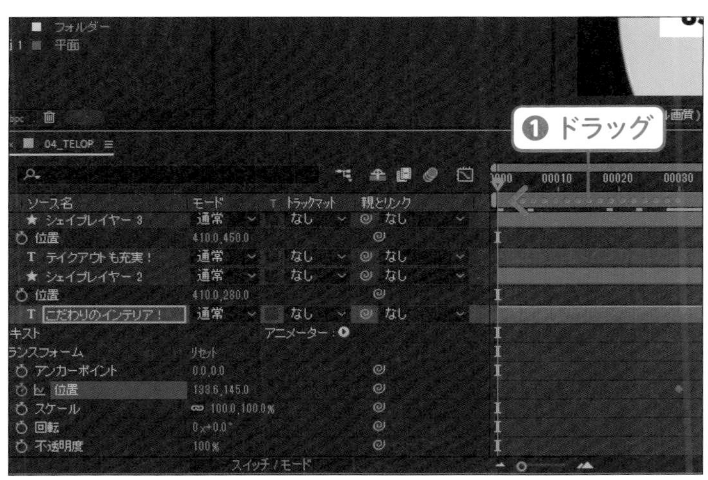

4 [現在の時間インジケーター]を「0」フレームに移動する

画面左側を指定するキーフレームを追加するために[現在の時間インジケーター]を移動します。[現在の時間インジケーター]を「0」フレームまでドラッグします❶。

5 キーフレームを追加する

[位置]のXの値を「-600」と入力します❶。

MEMO

After Effectsでは、左側の数値がX = 横軸(幅)、右側の数値がY = 縦軸(高さ)となります。

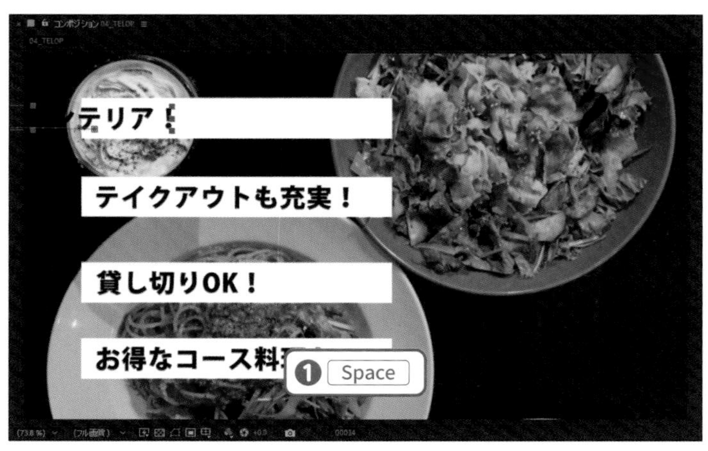

6 再生して確認する

Space キーを押して❶、再生します。「こだわりのインテリア！」テキストレイヤーが左側から画面内に移動してくるアニメーションが作成されました。しかし文字を目立たせるためのシェイプレイヤーが追従していません。次に［親とリンク機能］を使います。

●［シェイプレイヤー1］を親とリンクする

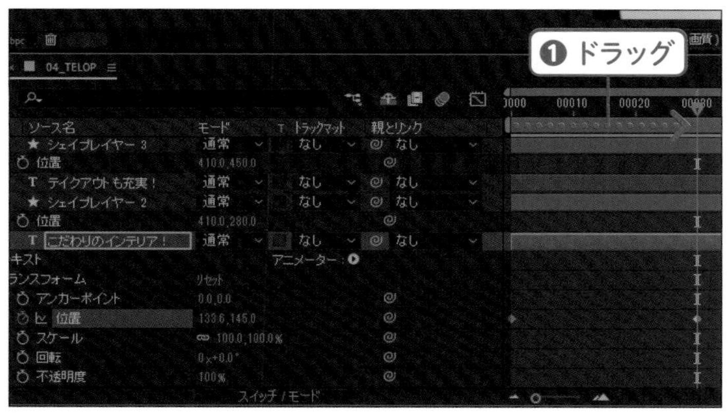

1 ［現在の時間インジケーター］を「30」フレームに移動する

［親とリンク］機能を使用するために、［現在の時間インジケーター］を「30」フレームまでドラッグします❶。

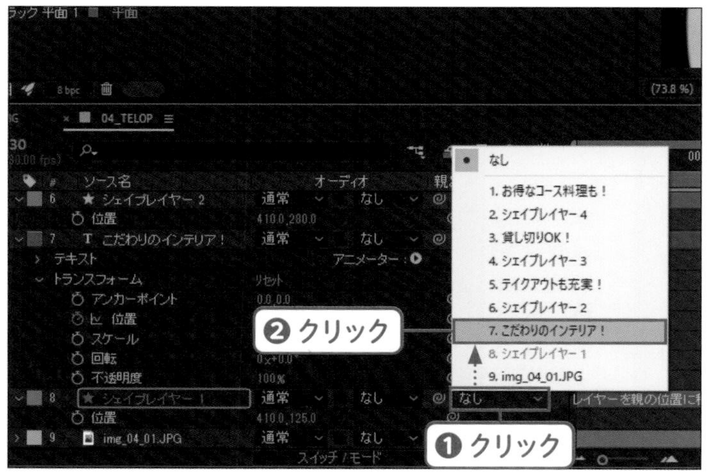

2 「シェイプレイヤー1」を親とリンクする

「シェイプレイヤー1」レイヤーの［トランスフォームの継承元となるレイヤーを選択］をクリックし❶、表示されるメニューから「こだわりのインテリア！」をクリックして❷、選択します。

3 再生して確認する

Space キーを押して❶、再生します。「シェイプレイヤー1」にキーフレームを追加していませんが、リンクしている「こだわりのインテリア！」テキストレイヤーの位置情報をもとに「シェイプレイヤー1」も同期した動きをするようになりました。

● それぞれの［シェイプレイヤー］を親とリンクさせる

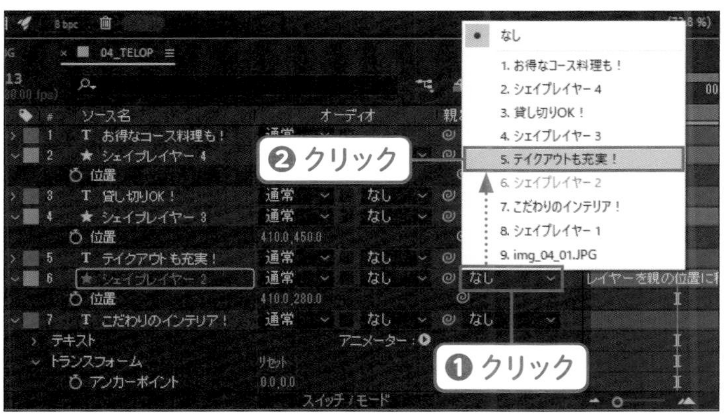

1 ［シェイプレイヤー2］を親とリンクする

［シェイプレイヤー2］レイヤーの［トランスフォームの継承元となるレイヤーを選択］をクリックし❶、表示されるメニューから「テイクアウトも充実！」をクリックして❷、選択します。

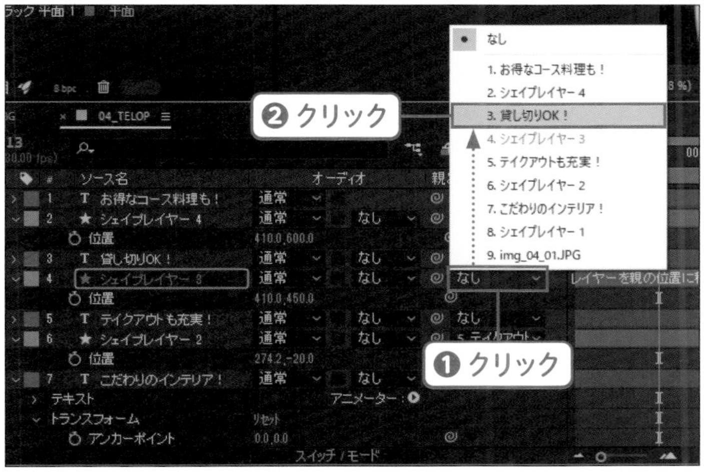

2 ［シェイプレイヤー3］を親とリンクする

［シェイプレイヤー3］レイヤーの［トランスフォームの継承元となるレイヤーを選択］をクリックし❶、表示されるメニューから「貸し切りOK！」をクリックして❷、選択します。

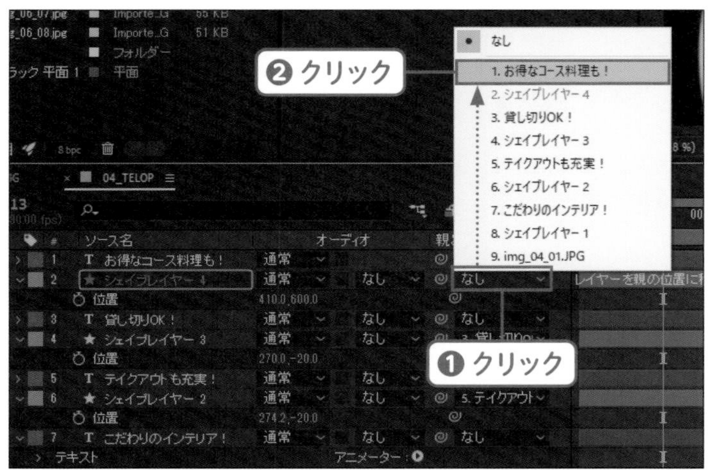

3 「シェイプレイヤー4」を親とリンクする

「シェイプレイヤー4」レイヤーの［トランスフォームの継承元となるレイヤーを選択］をクリックし❶、表示されるメニューから「お得なコース料理も！」をクリックして❷、選択します。

●「テイクアウトも充実！」レイヤーに、アニメーションを付ける

1 ［現在の時間インジケーター］を「60」フレームに移動する

［現在の時間インジケーター］を「60」フレームまでドラッグします❶。

2 「テイクアウトも充実！」レイヤーの［位置］プロパティを表示する

「テイクアウトも充実！」レイヤー左横の ▶ をクリックし❶、［トランスフォーム］左横の ▶ をクリックします❷。

3 [位置]プロパティにキーフレームを追加する

「テイクアウトも充実！」レイヤーの[位置]プロパティのストップウォッチ をクリックすると❶、キーフレームが追加されます。

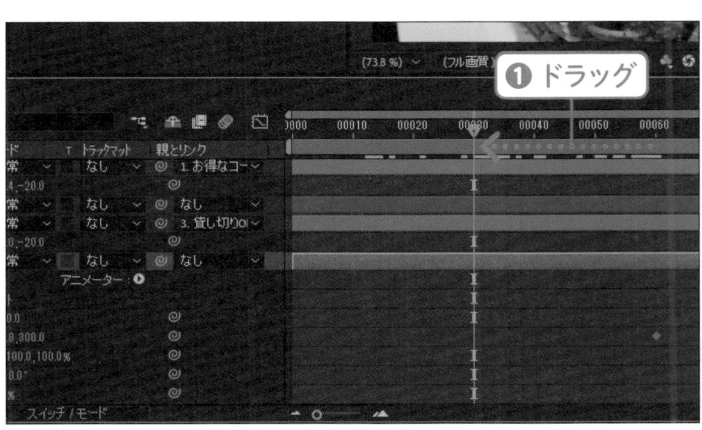

4 [現在の時間インジケーター]を「30」フレームに移動する

[現在の時間インジケーター]を「30」フレームまでドラッグします❶。

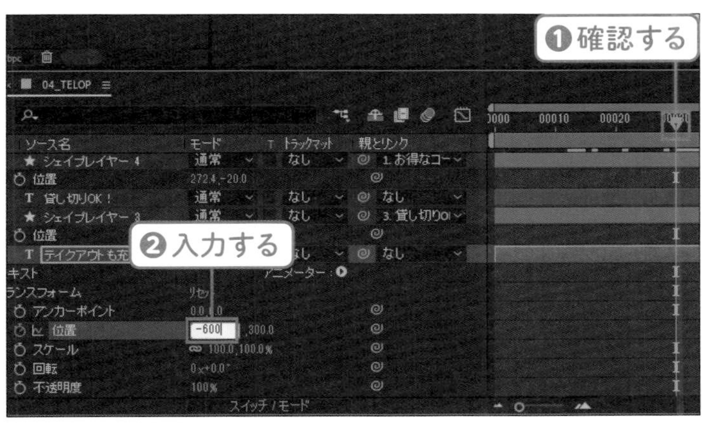

5 キーフレームを追加する

[現在の時間インジケーター]が30フレームにあることを確認し❶、[位置]のXの値を「-600」と入力します❷。

●「貸し切りOK！」レイヤーに、アニメーションを付ける

1 ［現在の時間インジケーター］を「90」フレームに移動する

［現在の時間インジケーター］を「90」フレームまでドラッグします❶。

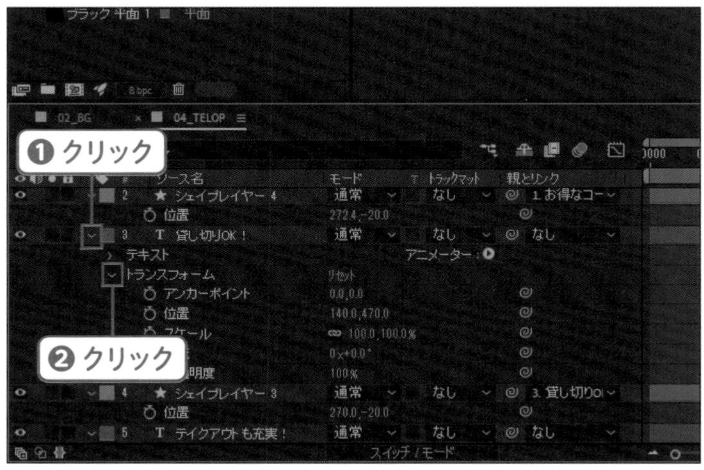

2 「貸し切りOK！」レイヤーの［位置］プロパティを表示する

「貸し切りOK！」レイヤー左横の をクリックし❶、［トランスフォーム］左横の をクリックします❷。

3 ［位置］プロパティにキーフレームを追加する

「貸し切りOK！」レイヤーの［位置］プロパティのストップウォッチ をクリックすると❶、キーフレームが追加されます。

4 ［現在の時間インジケーター］を「60」フレームに移動する

［現在の時間インジケーター］を「60」フレームまでドラッグします❶。

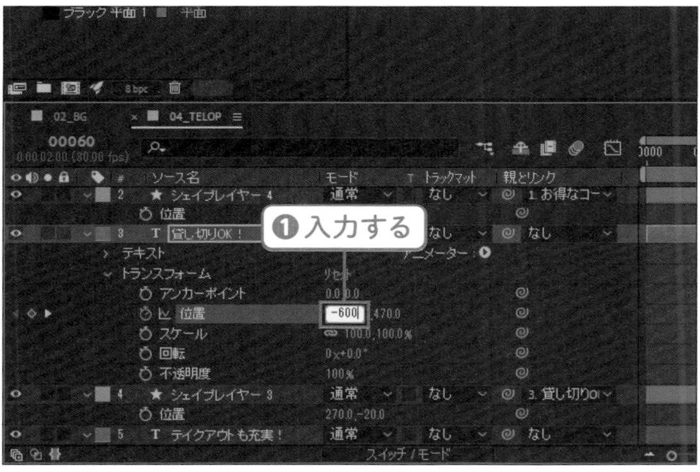

5 キーフレームを追加する

［位置］のXの値を「-600」と入力します❶。

●「お得なコース料理も！」レイヤーに、アニメーションを付ける

1 ［現在の時間インジケーター］を「120」フレームに移動する

［現在の時間インジケーター］を「120」フレームまでドラッグします❶。

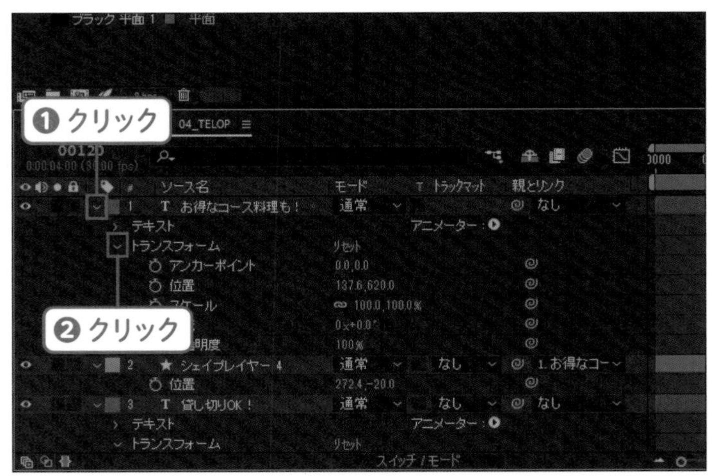

2 「お得なコース料理も！」レイヤーの［位置］プロパティを開く

「お得なコース料理も！」レイヤー左横の ▶ をクリックし❶、［トランスフォーム］左横の ▶ をクリックします❷。

3 ［位置］プロパティにキーフレームを追加する

「お得なコース料理も！」レイヤーの［位置］プロパティのストップウォッチ をクリックすると❶、キーフレームが追加されます。

4 ［現在の時間インジケーター］を「90」フレームに移動する

［現在の時間インジケーター］を「90」フレームまでドラッグします❶。

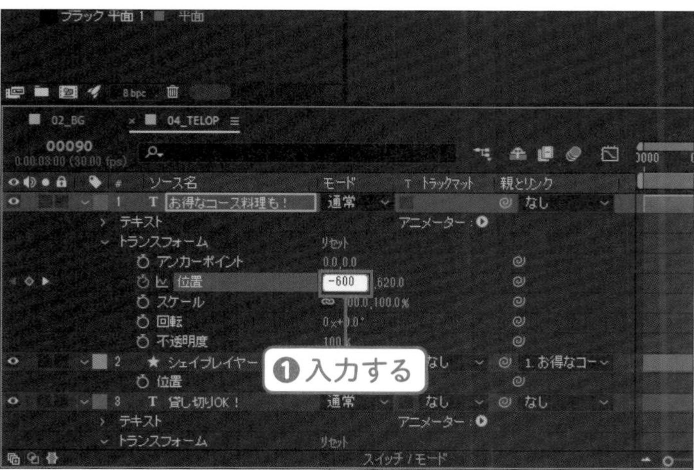

5 キーフレームを追加する

［位置］のXの値を「-600」と入力します❶。

6 再生して確認する

Space キーを押して❶、再生します。30フレームごとに、テロップが画面左から移動してくるアニメーションが作成できました。［親とリンク］機能を使えば、キーフレームを追加することなく、親と同じ動きを付けることができます。

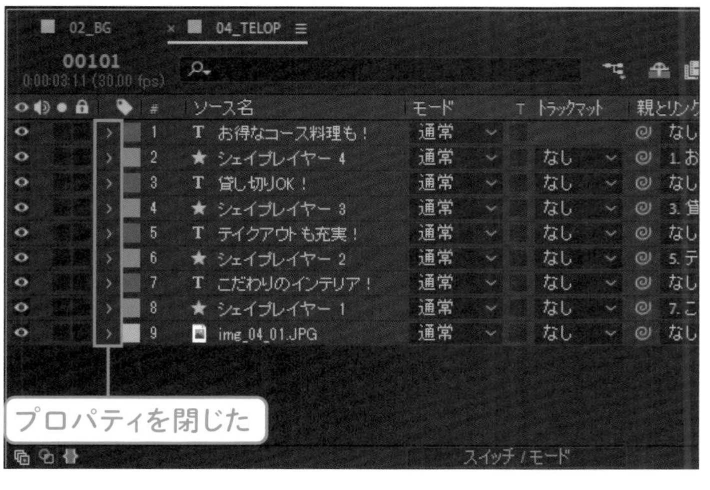

7 レイヤープロパティを閉じる

開いているレイヤープロパティを閉じておきましょう。レイヤー名の左横の をクリックして、レイヤープロパティを閉じます。

MEMO

開いているレイヤープロパティはすべて閉じておきます。

Column

イーズについて

[イーズ]とはアニメーションの緩急についての設定で、脱初心者の足がかりとなる操作です。実作業では自動でイーズを設定できる「イージーイーズ」を用いることもありますが、細かく設定することで独創的な動きを作ることができます。

▶ [グラフエディター]モードで設定する

追加したキーフレームを選択した状態で[タイムライン]パネルの[グラフエディター]をクリックすると、[レイヤーバー]モードから[グラフエディター]モードに切り替わり、アニメーションの動きをグラフで表示してくれます。以下の図は、リニアと呼ばれるフレーム間を同じ速度で移動するアニメーションです。そのほかのグラフエディターのイーズの設定例は、次のようになります。

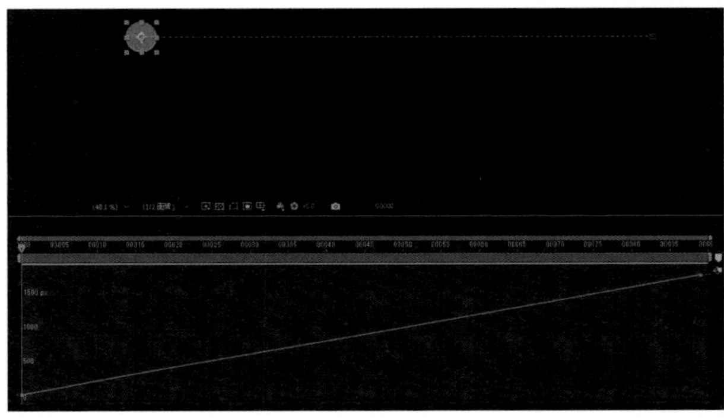

図1
リニアと呼ばれるフレーム間を同じ速度で移動するアニメーションです。

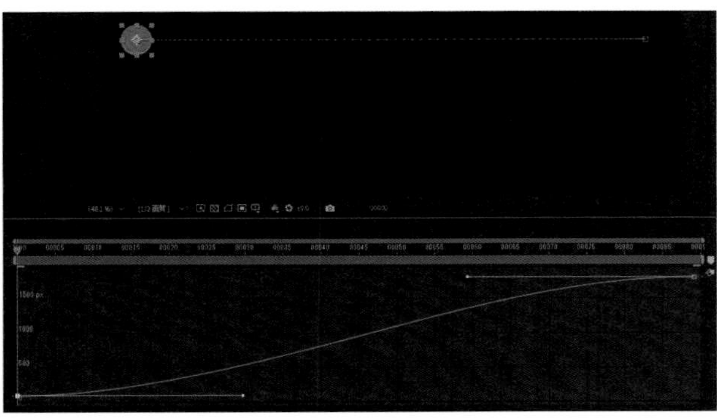

図2
この図は、イージーイーズを設定しています。緩やかに動き始めて、緩やかに動きが止まるアニメーションです。

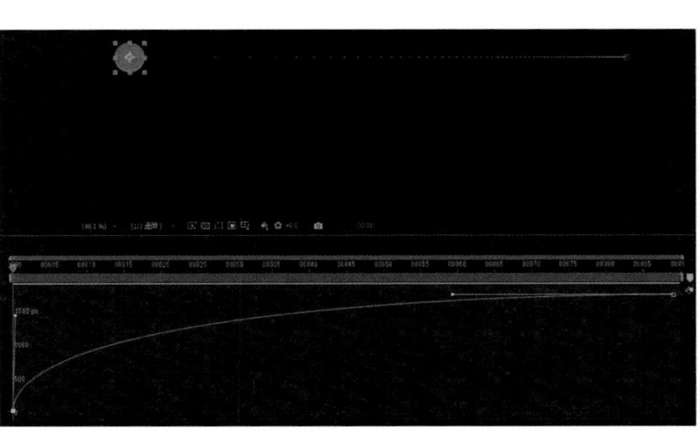

図3
この図は、グラフのカーブを手動で設定しています。動き始めに急加速して、緩やかに動きが止まるアニメーションです。

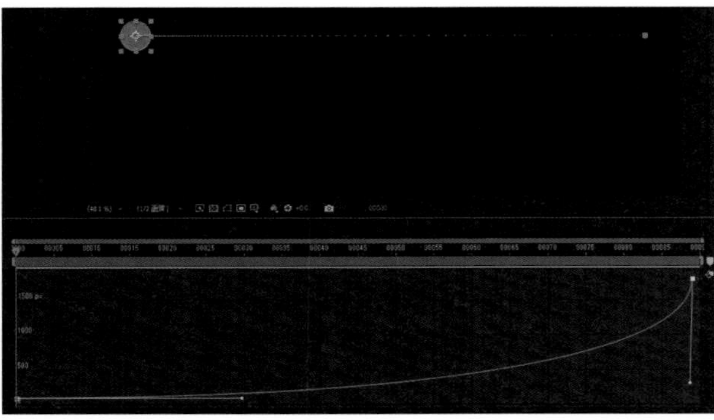

図4
この図は、グラフのカーブを手動で設定しています。動き始めは緩やかで、加速していくアニメーションです。

Chapter

場面転換を作ろう

第5章では、場面転換について学びます。場面を切り換える効果のことをトランジションとも呼びます。映像のつなぎ目を自然に見せたり、次のカットを強調して見せたりと、効果的に用いることで映像のアクセントになります。

Visual Index | Chapter 5

場面転換を作ろう

完成イメージ

この章のポイント

この章では、エフェクトを利用した色味の変更方法や、場面切り替えに必要な効果について学びます。色味や不透明度を調整することで、映像のつなぎ目が自然に見え、スムーズな場面の切り替えを作成できます。

POINT 1 画像を配置しよう

画像を読み込み、サイズや色味の変更をします。

→P.136

POINT 2 平面レイヤーを作成しよう

After Effectsで頻繁に使用する平面レイヤーを作成します。

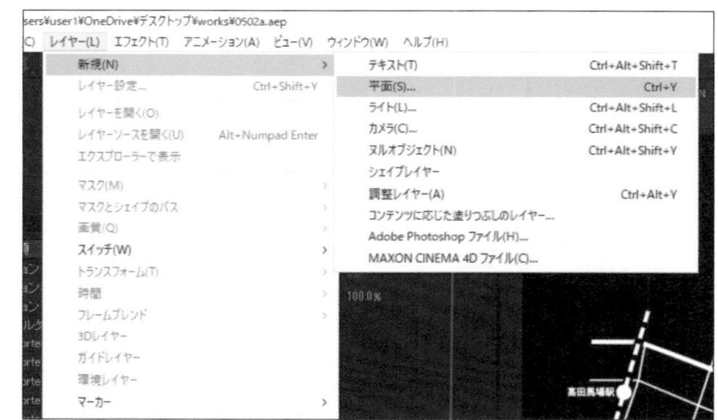

→P.142

POINT 3 テキストをアニメーションさせよう

[不透明度]の数値を調整して、文字が自然に出現するアニメーションを作ります。このアニメーションはトランジションの基本となる動きの1つです。しっかり習得しましょう。

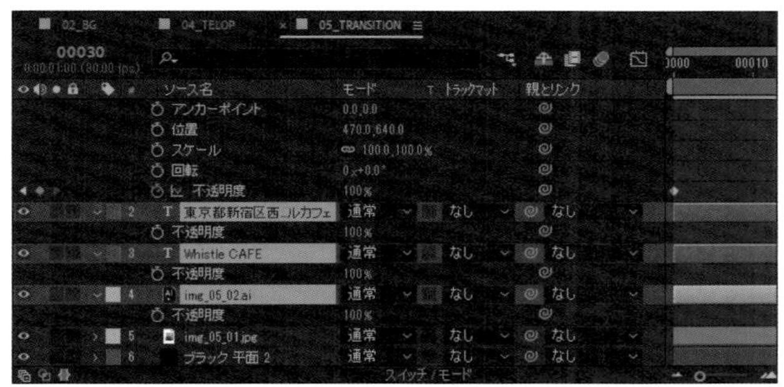

→P.158

POINT 4 エフェクトで色味を調整しよう

配置した画像の色味を調整して、画面全体のバランスを整えます。

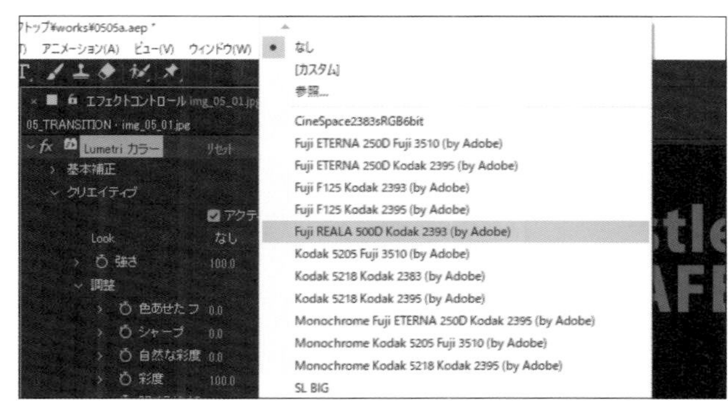

→P.164

Lesson 01

画像を配置しよう

画像を配置します。またIllustratorデータも配置し、エフェクトを利用して、色を変更します。

練習ファイル　0501a.aep
完成ファイル　0501b.aep

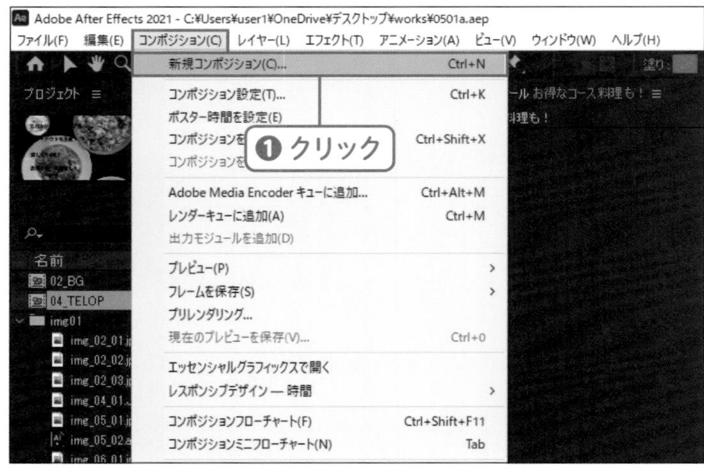

1 [新規コンポジション]を作成する

新しいカットを制作するので、[新規コンポジション]を作成します。[コンポジション]メニュー→[新規コンポジション]の順にクリックします❶。

MEMO

[プロジェクト]パネルでフォルダーを選択した状態で[新規コンポジション]を作成すると、フォルダーの中にコンポジションが作成されます。意図しない場合はフォルダーの選択を解除しておきましょう。

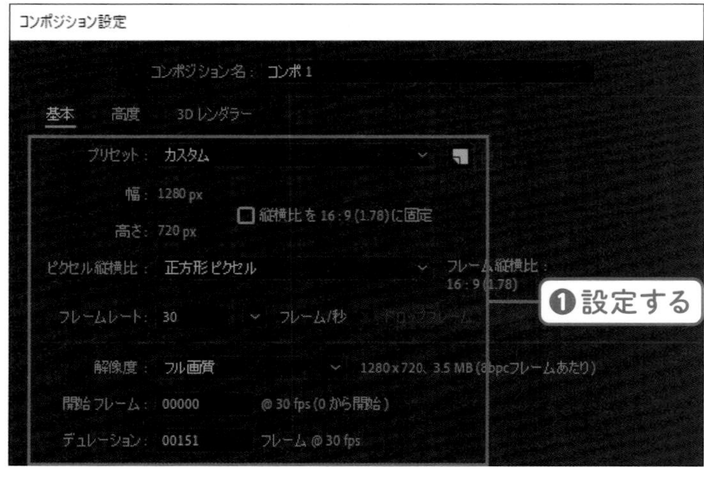

2 [コンポジション設定]画面で設定する

[コンポジション設定]画面が表示されるので、以下のように設定します❶。

幅	1280
高さ	720
フレームレート	30
解像度	フル画質
開始フレーム	00000
デュレーション	00151

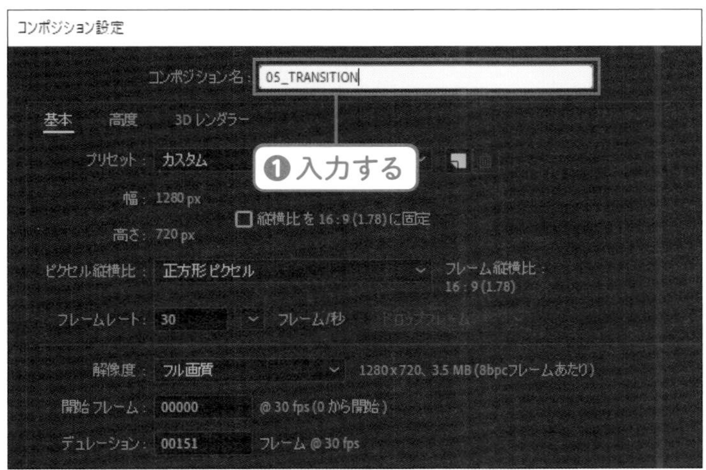

3 [コンポジション名]を変更する

[コンポジション設定]画面の[コンポジション名]に「05_TRANSITION」と入力します❶。

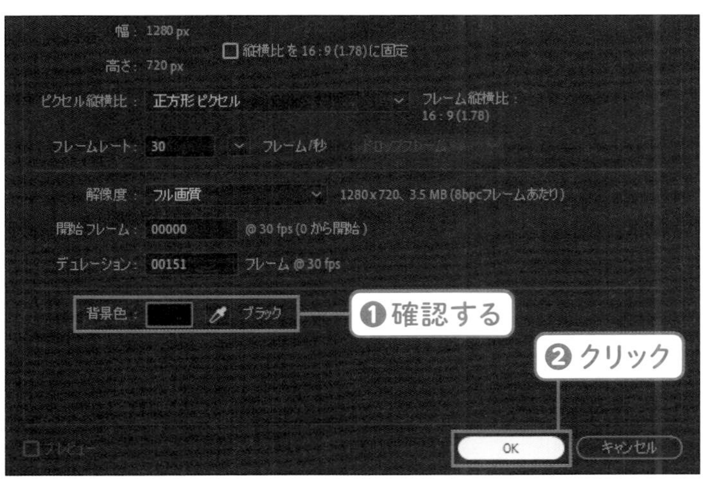

4 [コンポジション設定]画面を閉じる

[背景色]が[ブラック]になっていることを確認し❶、[OK]をクリックして❷、[コンポジション設定]画面を閉じます。

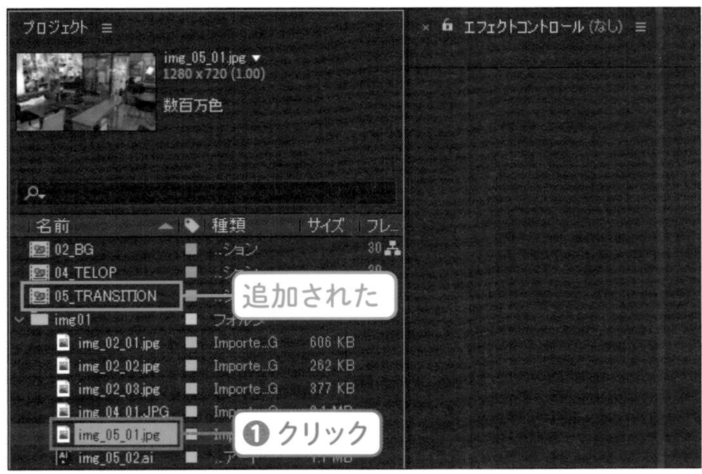

5 [プロジェクト]パネルで画像ファイルを選択する

[プロジェクト]パネルに「05_TRANSITION」が追加されました。[プロジェクト]パネルの[img 01]→「img_05_01.jpg」の順にクリックし❶、画像データを選択します。

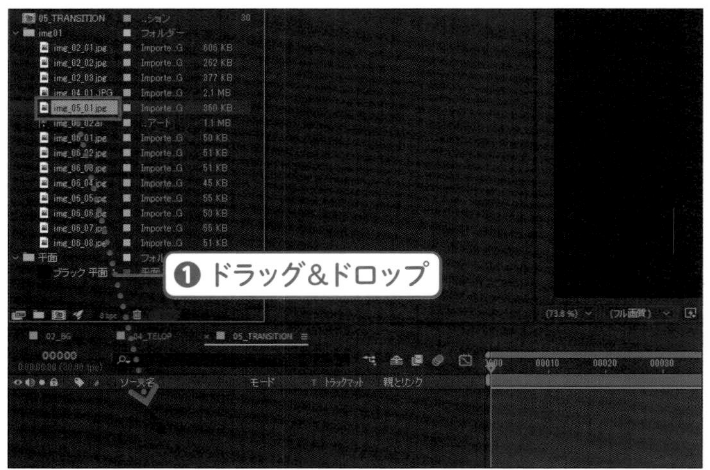

6 画像ファイルを配置する

選択した「img_05_01.jpg」を［タイムライン］パネルにドラッグ＆ドロップします❶。

7 ［位置］プロパティを開く

「img_05_01.jpg」が選択されていることを確認し❶、Pキーを押して❷、［位置］プロパティを表示します。

MEMO

［プロジェクト］パネルから［タイムライン］パネルにドラッグ&ドロップした際、選択された状態で表示されます。

8 ［位置］の数値を変更する

この画像ファイルは、背景としてコンポジションの半分に表示するデザインになるよう配置します。［位置］の数値部分をクリックして❶、「1170.0,360.0」に設定します❷。「1170.0」という数値はX（幅）の座標数値で、「360.0」という数値はY（高さ）の座標数値です。このコンポジションサイズは1280×720なので画面中央である［640.0, 360.0］から530ピクセル右側に位置することを意味します。

9 [タイムライン]パネルにIllustratorファイルを配置する

「img_05_02.ai」をクリックし❶、[タイムライン]パネルの「img_05_01.jpg」の上にドラッグ&ドロップします❷。

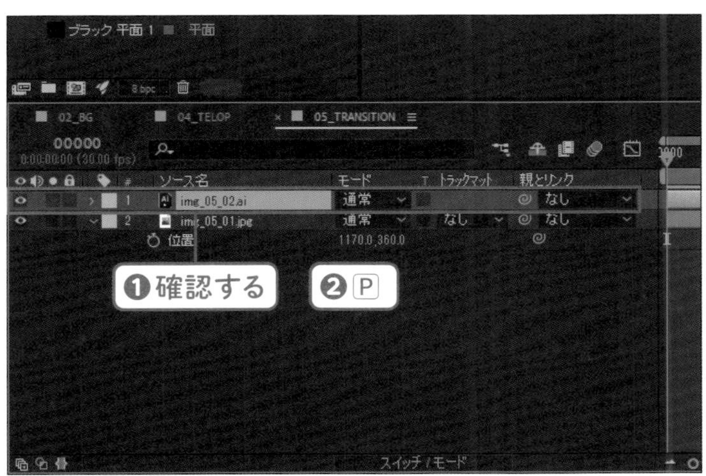

10 [位置]プロパティを開く

「img_05_02.ai」が選択されていることを確認し❶、Pキーを押して❷、[位置]プロパティを表示します。

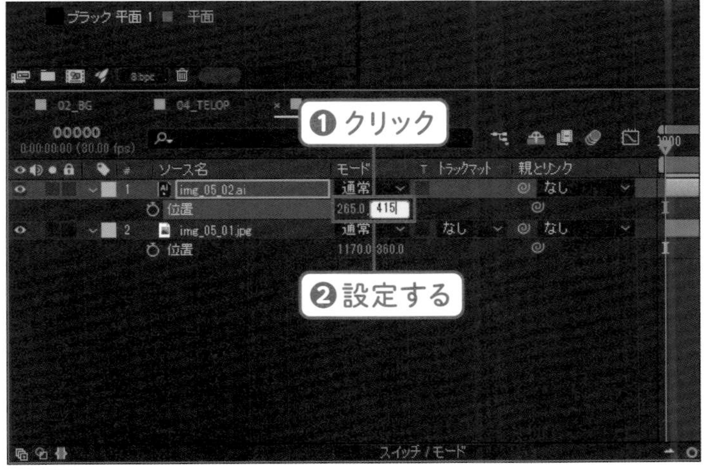

11 [位置]を変更する

この「img_05_02.ai」は地図の画像です。画面左側に配置します。[位置]の数値部分をクリックし❶、「265.0,415.0」に設定します❷。「265.0」という数値はX(幅)の座標数値で、「415.0」という数値はY(高さ)の座標数値です。このコンポジションサイズは1280×720なので画面中央である[640.0, 360.0]から375ピクセル左側、55ピクセル下側に位置することを意味します。

12 [スケール]プロパティを開く

「img_05_02.ai」が選択されていることを確認し❶、Sキーを押して❷、[スケール]プロパティを表示します。

13 [スケール]の数値を変更する

この地図の画像の位置を決めましたが、画面に収まっているものの画面左端ギリギリまで表示されています。ある程度余白のあるデザインとして仕上げたいのでスケールを小さくします。[スケール]の数値部分をクリックし❶、「80.0,80.0」に設定します❷。

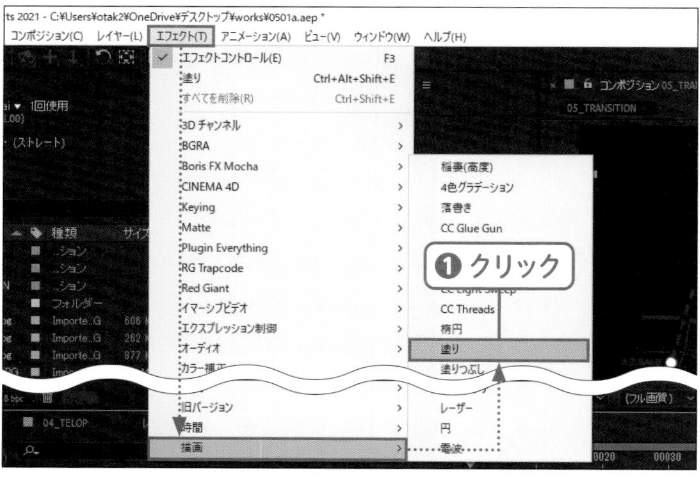

14 [塗り]エフェクトを追加する

[タイムライン]パネルで「img_05_02.ai」を選択した状態で、[エフェクト]メニュー→[描画]→[塗り]の順にクリックし❶、エフェクトを適用します。

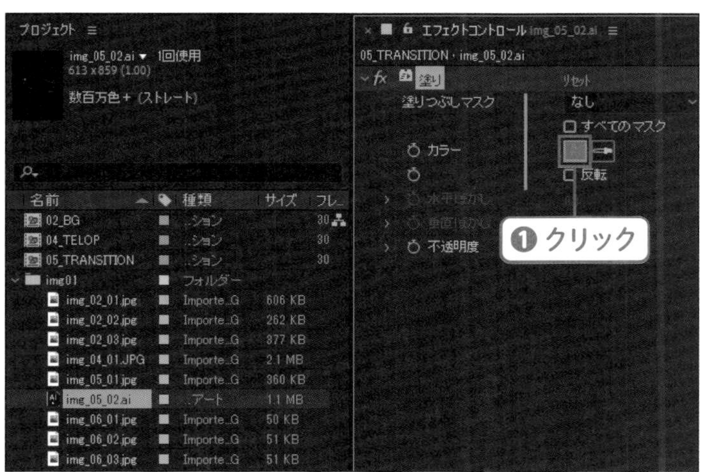

15 ［カラー］画面を表示する

［エフェクトコントロール］パネルで［塗り］の［カラー］右側のカラーボックスをクリックします❶。

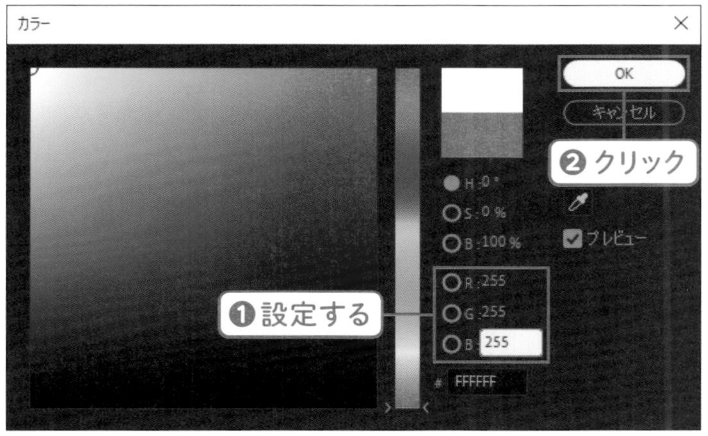

16 数値を変更する

［カラー］画面が表示されるので、［RGB］の数値を以下のように設定し❶、［OK］ボタンをクリックします❷。

R	255
G	255
B	255

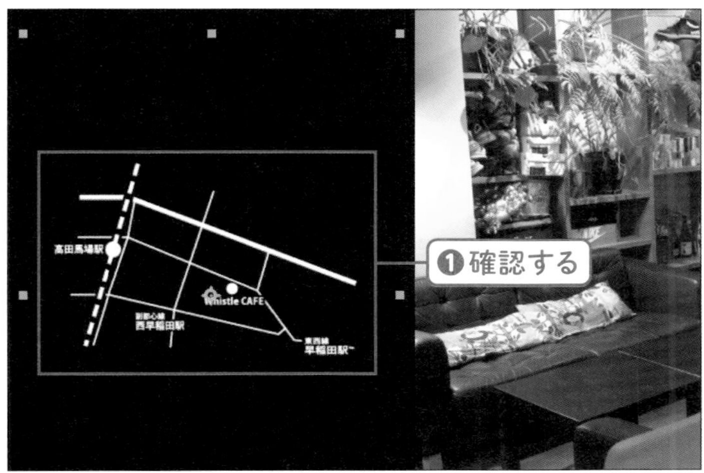

17 ［コンポジション］パネルで確認する

［コンポジション］パネルのビューで、「img_05_02.ai」の色が白に変更されたことを確認します❶。

Lesson 02

平面レイヤーを配置しよう

After Effectsでよく使用する平面レイヤーを作成します。透明グリッドを表示し、背景が透明でないかを確認する方法も学びます。

練習ファイル　0502a.aep
完成ファイル　0502b.aep

1 ［透明グリッド］で確認する

［透明グリッド］をクリックし❶、［コンポジション］パネルを確認すると、地図の背景が白グレーのグリッドで表示され、透明であることがわかります。

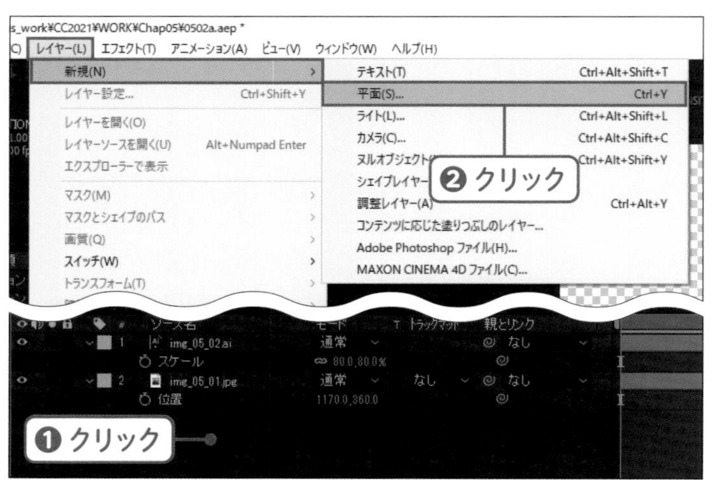

2 平面レイヤーを作成する

透明な背景は、黒い平面レイヤーを追加して黒く表示するようにします。［タイムライン］パネルの何もないところをクリックし❶、［レイヤー］メニュー→［新規］→［平面］の順にクリックします❷。

3 ［平面設定］をする

［平面設定］画面が表示されます。以下のように設定し❶、［OK］をクリックします❷。

名前	ブラック平面 2
幅	1280px
高さ	720px

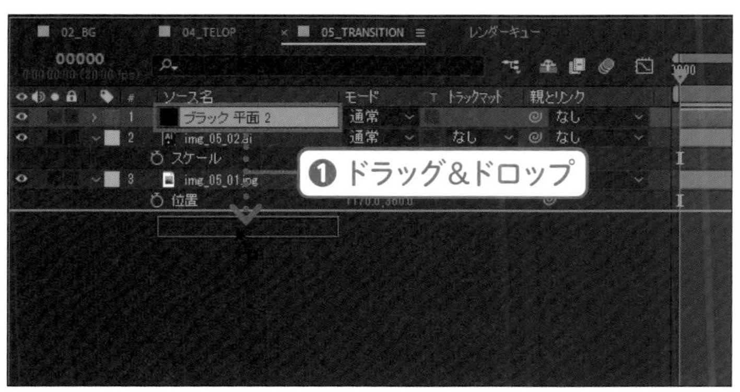

4 レイヤーの順番を変更する

［タイムライン］パネルの「ブラック平面 2」をドラッグ＆ドロップして❶、レイヤーの一番下に移動します。

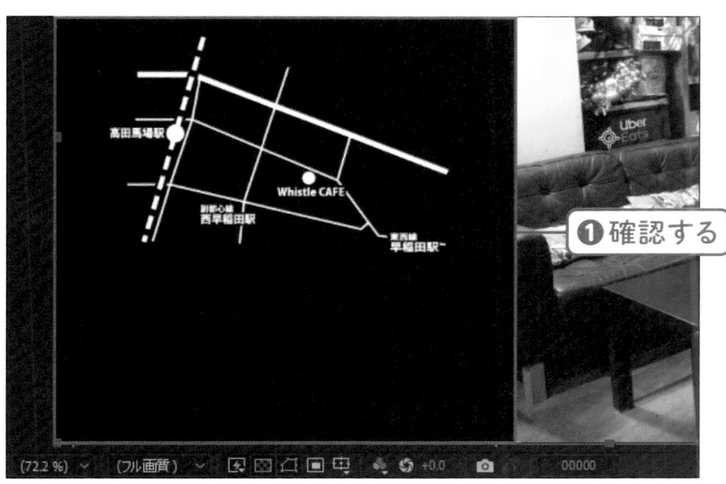

5 ［コンポジション］パネルで確認する

［コンポジション］パネルを確認します❶。黒い平面レイヤーが追加され、透明部分がなくなりました。

Lesson 03

テキストを配置しよう

練習ファイル 0503a.aep
完成ファイル 0503b.aep

店舗情報のテキストを作成します。これまでの章で習得したフォント設定や字間行間を、「店名、住所、電話番号」の項目ごとに調整します。読みやすいテキストを作成しましょう。

店名を入力する

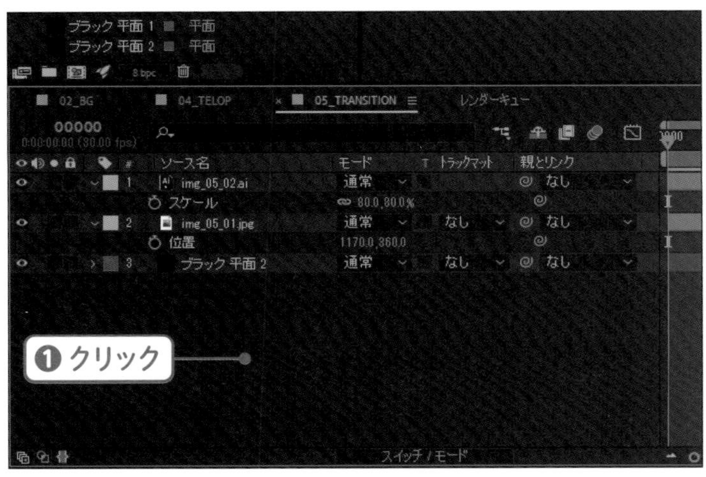

1 ［タイムライン］パネルを選択する

［タイムライン］パネルの何もないところをクリックします❶。

2 テキストを右揃えにする

［段落］パネルを表示し、［テキストの右揃え］をクリックします❶。

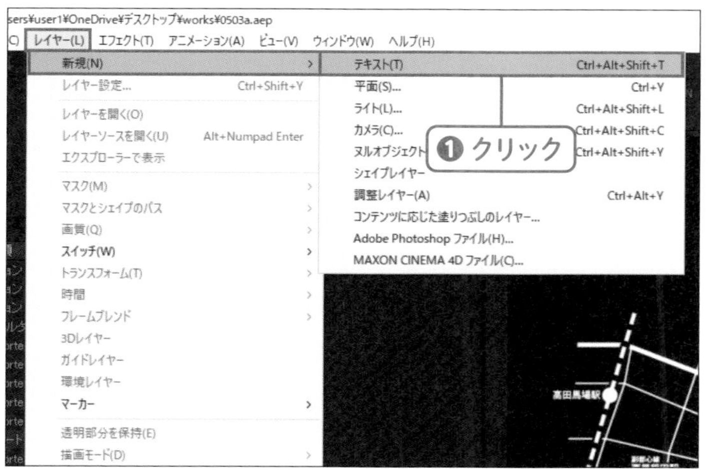

3 テキストレイヤーを配置する

[レイヤー]メニュー→[新規]→[テキスト]の順にクリックします❶。

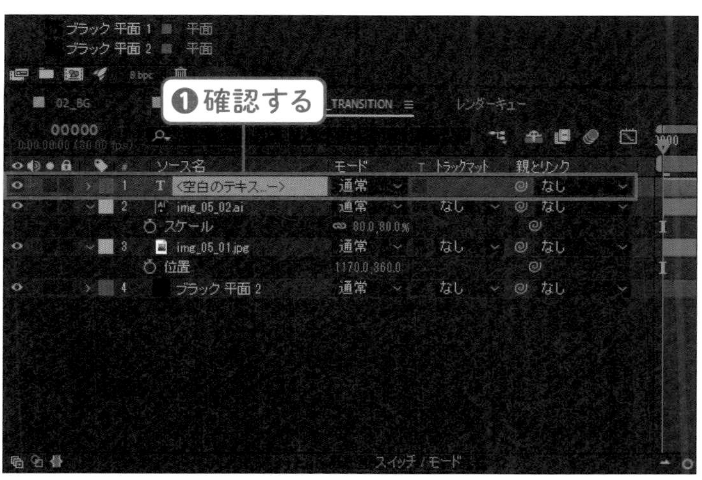

4 [タイムライン]パネルで確認する

[タイムライン]パネルに[空白のテキストレイヤー]が追加されたことを確認します❶。

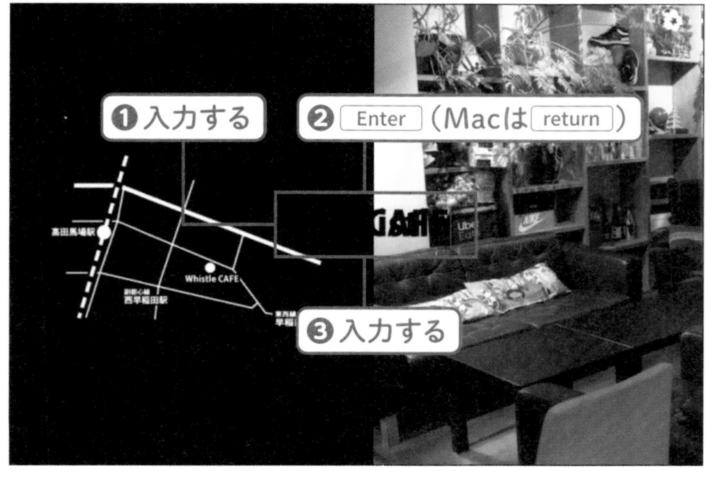

5 テキストを入力する

「Whistle」と入力し❶、Enter (Macは return)キーを押して❷、改行し、「CAFE」と入力します❸。

MEMO

文字が入力できない場合は、[タイムライン]パネルで[空白のテキストレイヤー]をダブルクリックし、テキスト入力します。

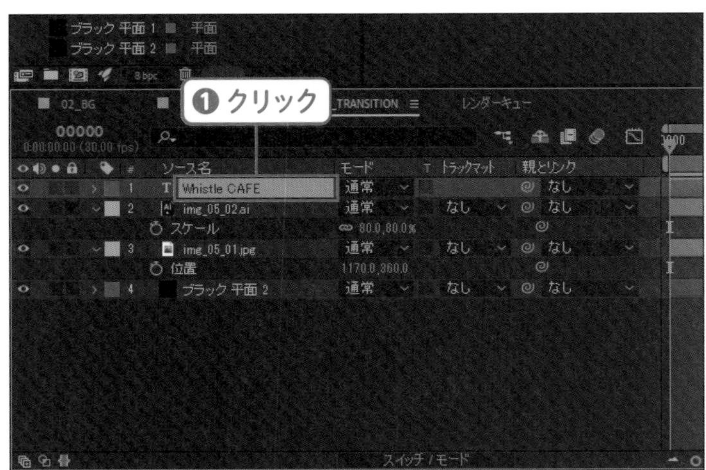

6 入力を確定する

［タイムライン］パネルで編集中のテキストレイヤーをクリックし❶、確定します。

7 フォントサイズを変更する

［文字］パネルの［フォントサイズを設定］の数値部分をクリックし❶、「80」と入力して❷、Enter（Macは return）キーを押します❸。

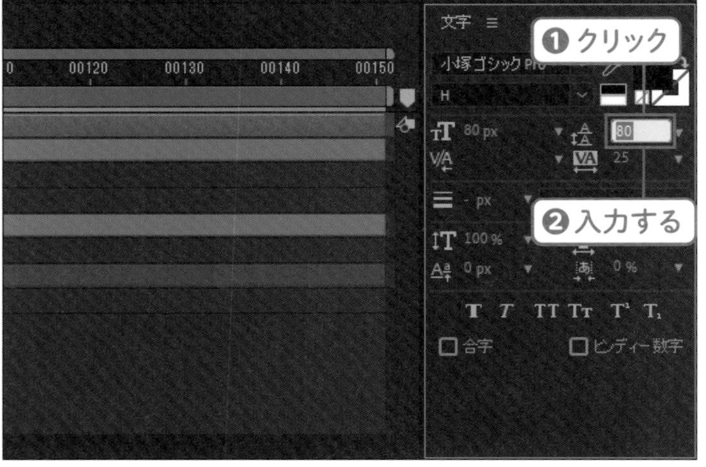

8 行間を調整する

フォントサイズと合わせて、行間を調整します。［文字］パネルの［行送りを設定］の数値部分をクリックして❶、「80」と入力します❷。

MEMO

［行送りを設定］は、「自動」に設定されていることもあります。

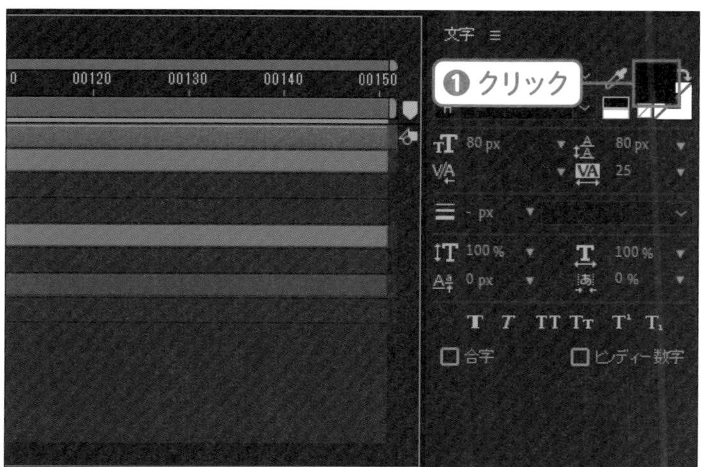

9 [テキストカラー]を表示させる

[文字]パネルの[塗りのカラー]をクリックします❶。

MEMO

[文字]パネルが表示されていない場合は、[ウィンドウ]メニュー→[文字]の順にクリックして表示します。

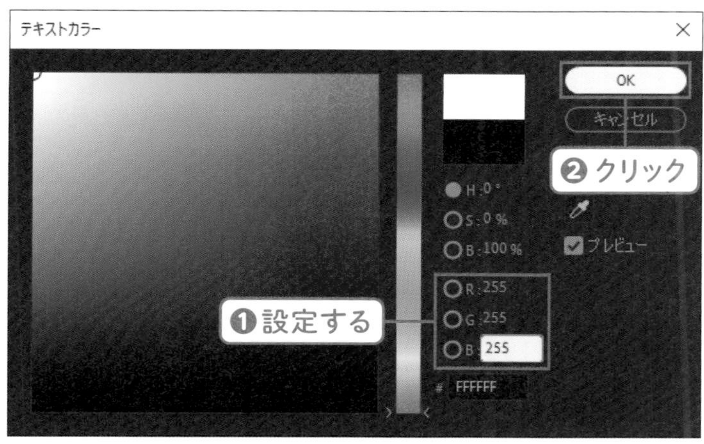

10 テキストカラーを設定する

[テキストカラー]画面が表示されるので、[RGB]の数値を以下のように設定し❶、[OK]ボタンをクリックします❷。

R	255
G	255
B	255

11 [コンポジション]パネルで確認する

「Whistle CAFE」の文字色が白に変更されたことを確認します❶。

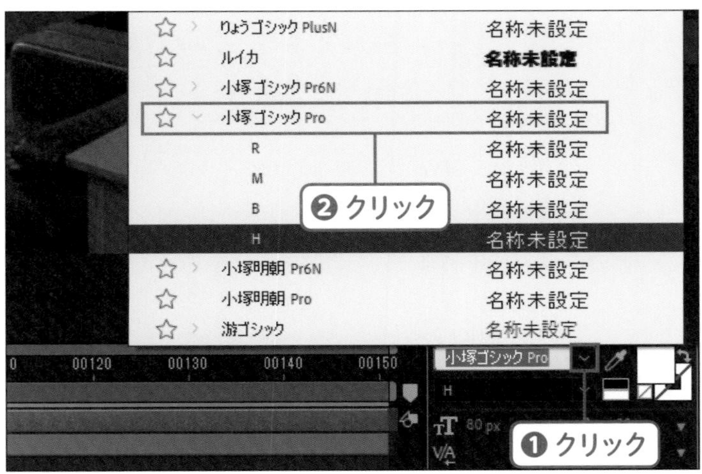

12 フォントファミリーを変更する

［文字］パネルの［フォントファミリーを設定］の をクリックし❶、表示されるメニューから「小塚ゴシックPro」をクリックして❷、変更します。

MEMO

「小塚ゴシックPro」がない場合は、「游ゴシック」や「ヒラギノ角ゴシック」を選びます。

13 フォントスタイルを変更する

［文字］パネルの［フォントスタイルを設定］の をクリックし❶、表示されるメニューから［H］をクリックして❷、変更します。

MEMO

［R］と［M］の場合は、［M］選択してください。小塚ゴシックPro以外のフォントを選択している場合は、「Regular」などの任意のものを選択します。

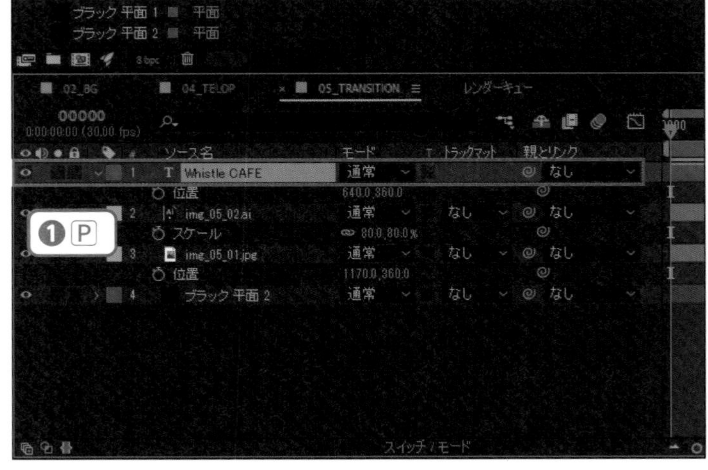

14 ［位置］プロパティを表示する

「Whistle CAFE」テキストレイヤーが選択されている状態で、Pキーを押して❶、［位置］プロパティを表示します。

15 ［位置］を設定する

［位置］の数値部分をクリックし❶、「465.0,145.0」に設定します❷。

● 住所を入力する

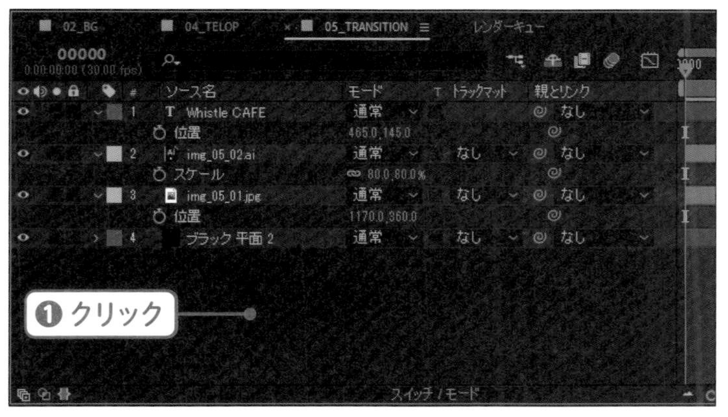

1 ［タイムライン］パネルを選択する

テキストレイヤーを追加する前に、［タイムライン］パネルの何もないところをクリックします❶。

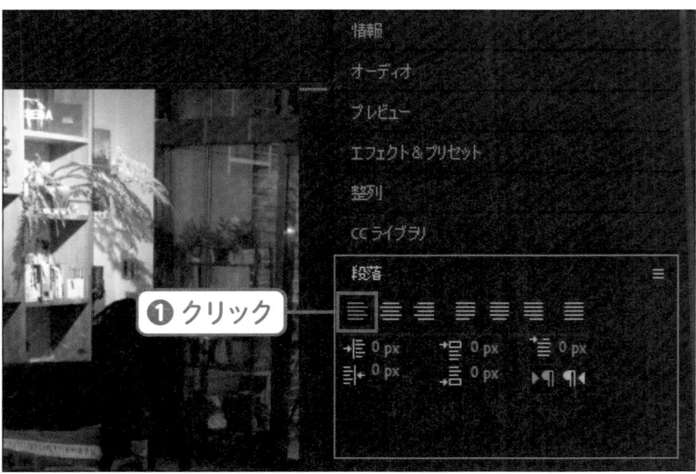

2 テキストを左揃えにする

［段落］パネルを表示し、［テキストの左揃え］をクリックします❶。

3 テキストレイヤーを配置する

［レイヤー］メニュー→［新規］→［テキスト］の順にクリックします❶。

4 テキストを入力する

「東京都新宿区西早稲田２丁目１０－１８」と入力し❶、Enter（Macは return）キーを押して❷、改行し、「パティオ西早稲田 １Ｆ ホイッスルカフェ」と入力します❸。

MEMO

文字が入力できない場合は、［タイムライン］パネルで［空白のテキストレイヤー］をダブルクリックして入力します。また入力が難しい場合はメモ帳やテキストエディターに入力し、コピー＆ペーストします。

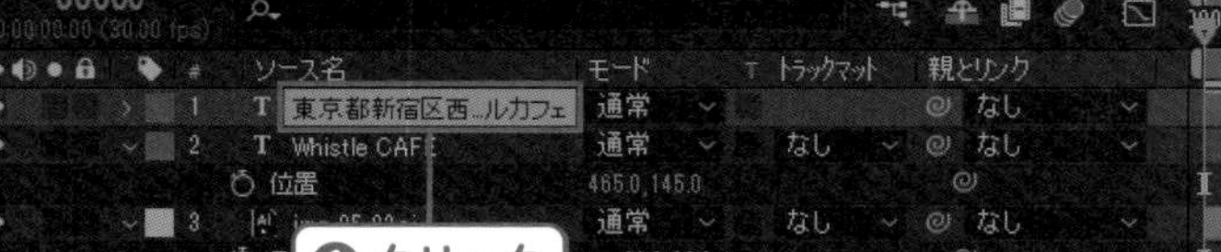

5 入力を確定する

［タイムライン］パネルで編集中のテキストレイヤーをクリックし❶、確定します。

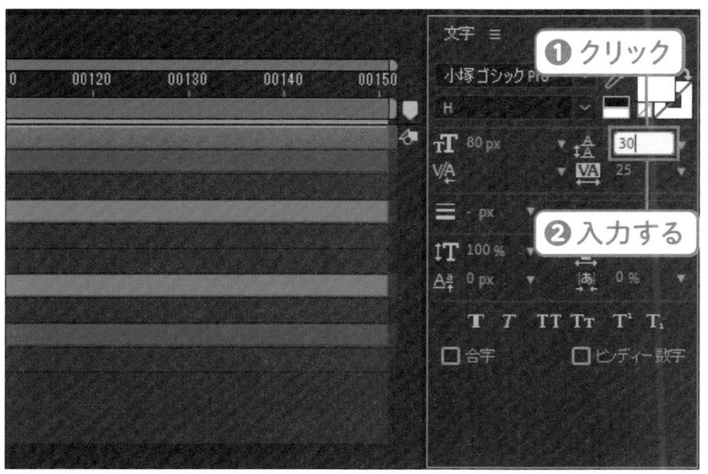

6 行間を調整する

［文字］パネルの［行送りを設定］の数値部分をクリックして❶、「30」と入力します❷。

7 フォントサイズを変更する

［文字］パネルの［フォントサイズを設定］の数値部分をクリックし❶、「22」と入力して❷、Enter（Macは return）キーを押します❸。

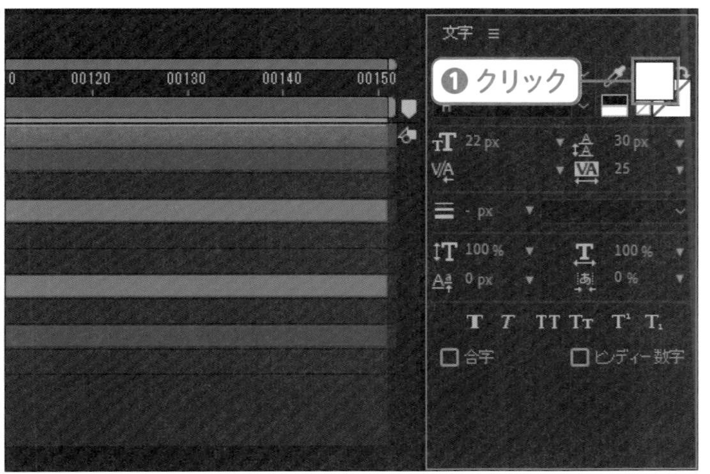

8 ［テキストカラー］を表示させる

［文字］パネルの［塗りのカラー］をクリックします❶。

MEMO

［文字］パネルが表示されていない場合は、［ウィンドウ］メニュー→［文字］の順にクリックして表示します。

9 テキストカラーを設定する

［テキストカラー］画面が表示されるので、［RGB］の数値を以下のように設定し❶、［OK］ボタンをクリックします❷。

R	255
G	255
B	255

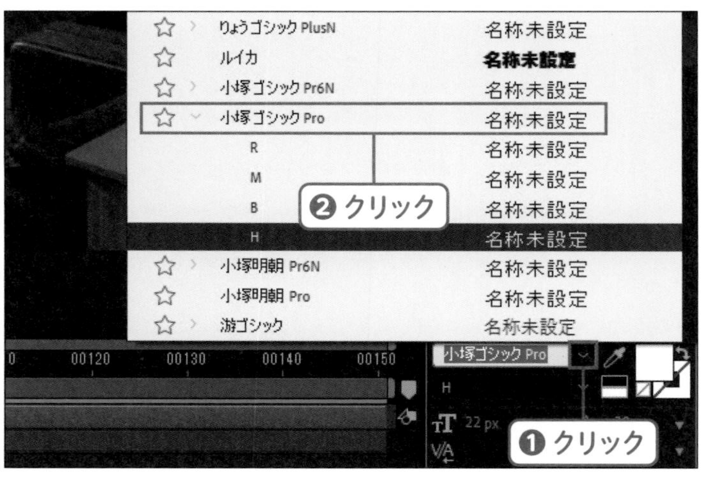

10 フォントファミリーを変更する

［文字］パネルの［フォントファミリーを設定］の をクリックし❶、表示されるメニューから「小塚ゴシック Pro」をクリックして❷、変更します。

MEMO

「小塚ゴシック Pro」がない場合は、「游ゴシック」や「ヒラギノ角ゴシック」を選びます。

11 フォントスタイルを変更する

［文字］パネルの［フォントスタイルを設定］の をクリックし❶、表示されるメニューから［H］をクリックして❷、変更します。

MEMO

［R］と［M］の場合は、［M］選択してください。小塚ゴシック Pro 以外のフォントを選択している場合は、「Regular」などの任意のものを選択します。

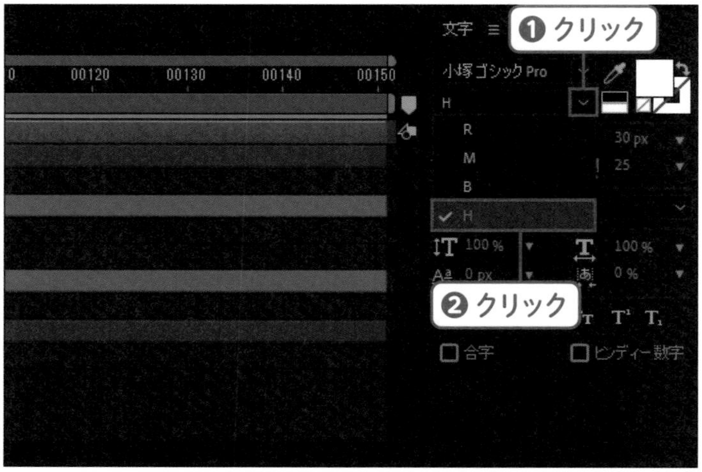

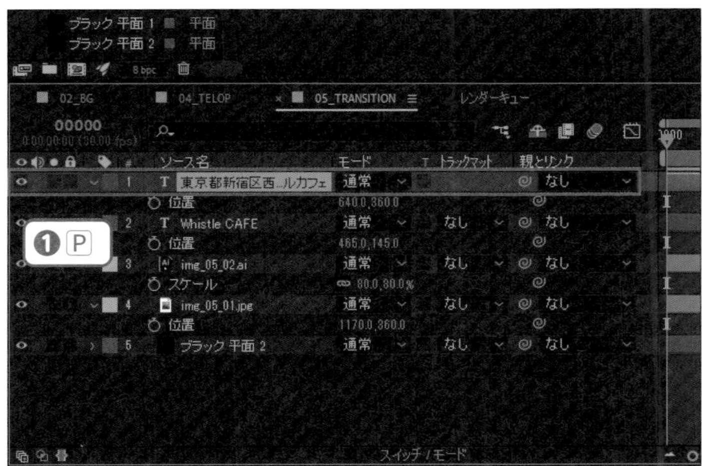

12 ［位置］プロパティを表示する

「東京都新宿区西...」テキストレイヤーが選択されている状態で、Pキーを押して❶、［位置］プロパティを表示します。

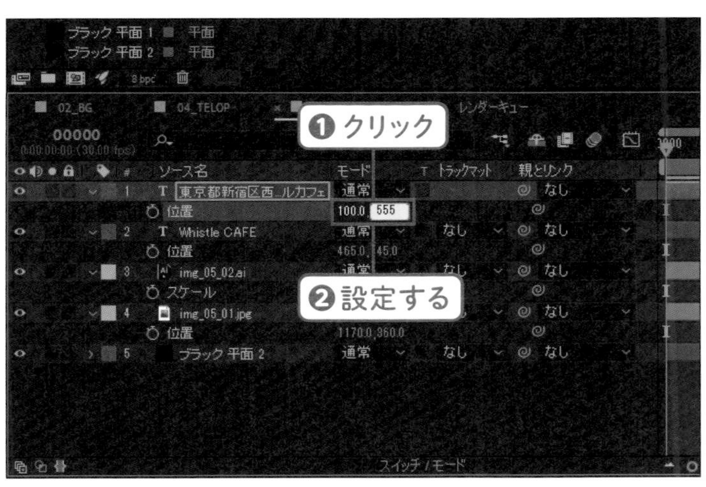

13 ［位置］を設定する

地図の下あたりに文字が配置されるようにします。［位置］の数値部分をクリックして❶、「100.0,555.0」に設定します❷。

●電話番号を入力する

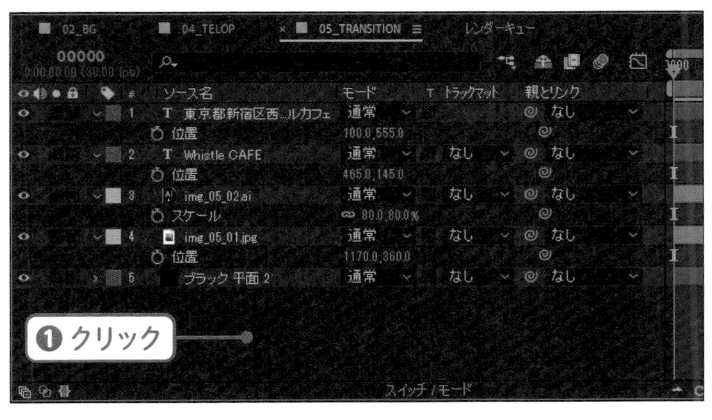

1 ［タイムライン］パネルを選択する

テキストレイヤーを追加する前に、［タイムライン］パネルの何もないところをクリックします❶。

2 テキストを右揃えにする

［段落］パネルを表示し、［テキストの右揃え］をクリックします❶。

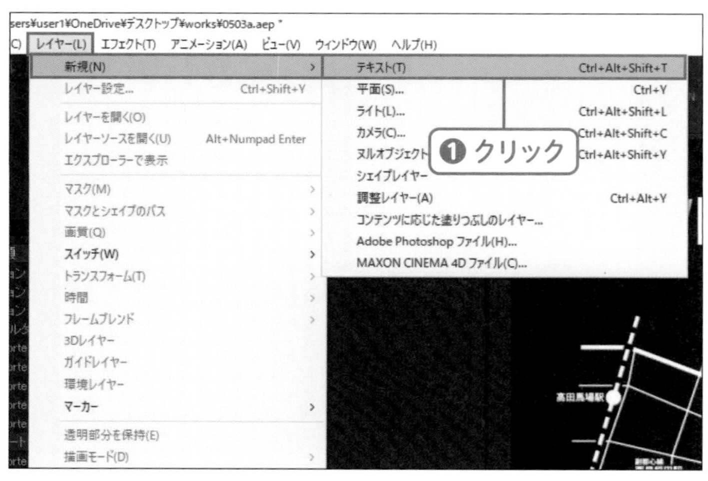

3 テキストレイヤーを配置する

［レイヤー］メニュー→［新規］→［テキスト］の順にクリックします❶。

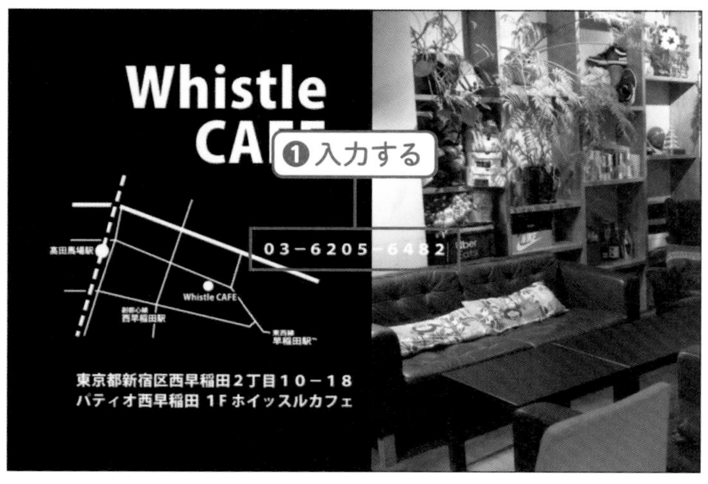

Whistle
CAFE
❶入力する
03-6205-6482
高田馬場駅
Whistle CAFE
西早稲田駅
早稲田駅
東京都新宿区西早稲田2丁目10－18
パティオ西早稲田 1F ホイッスルカフェ

4 テキストを入力する

「03－6205－6482」と入力します❶。

MEMO

文字が入力できない場合は、［タイムライン］パネルで［空白のテキストレイヤー］をダブルクリックし、テキスト入力します。

5 入力を確定する

[タイムライン]パネルで編集中のテキストレイヤーをクリックし❶、確定します。

6 [テキストカラー]を表示させる

[文字]パネルの[塗りのカラー]をクリックします❶。

MEMO

[文字]パネルが表示されていない場合は、[ウィンドウ]メニュー→[文字]の順にクリックして表示します。

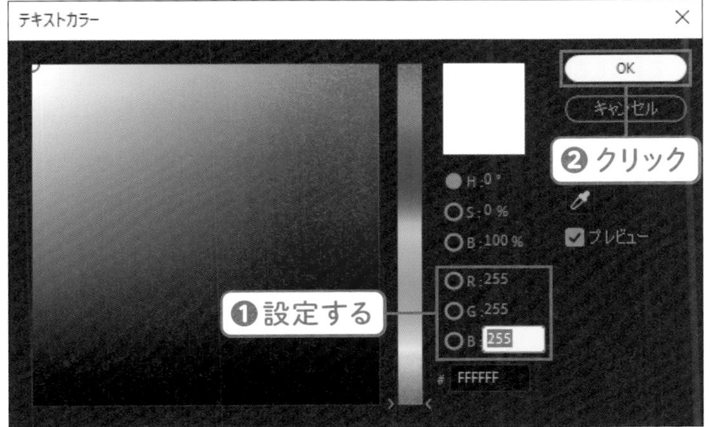

7 テキストカラーを設定する

[テキストカラー]画面が表示されるので、[RGB]の数値を以下のように設定し❶、[OK]ボタンをクリックします❷。

R	255
G	255
B	255

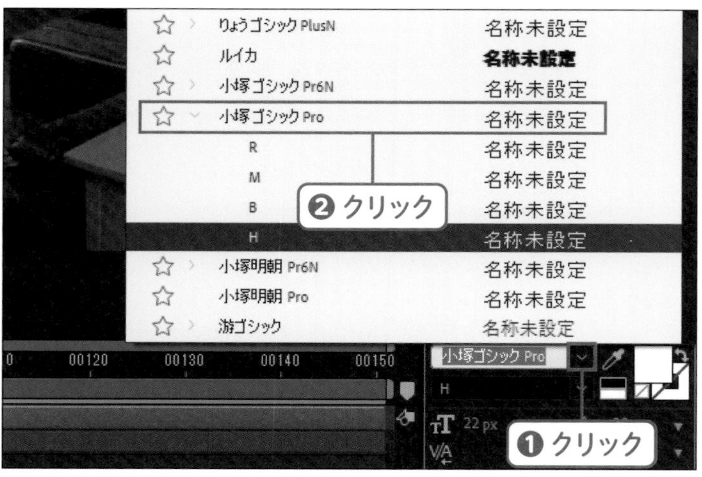

8 フォントファミリーを変更する

［文字］パネルの［フォントファミリーを設定］の ■ をクリックし❶、「小塚ゴシックPro」をクリックして❷、変更します。

MEMO

「小塚ゴシックPro」がない場合は、「游ゴシック」や「ヒラギノ角ゴシック」を選びます。

9 フォントスタイルを変更する

［文字］パネルの［フォントスタイルを設定］の ■ をクリックし❶、表示されるメニューから［H］をクリックして❷、変更します。

MEMO

［R］と［M］の場合は、［M］選択してください。小塚ゴシックPro以外のフォントを選択している場合は、「Regular」などの任意のものを選択します。

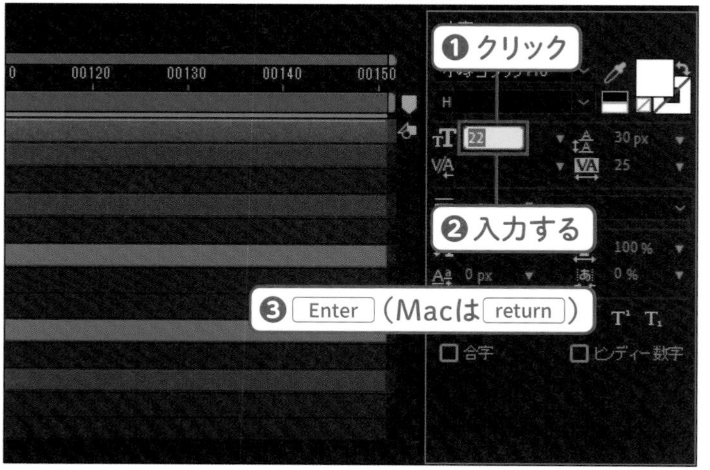

10 フォントサイズを変更する

［文字］パネルの［フォントサイズを設定］の数値部分をクリックし❶、「22」と入力して❷、Enter （Macは return ）キーを押します❸。

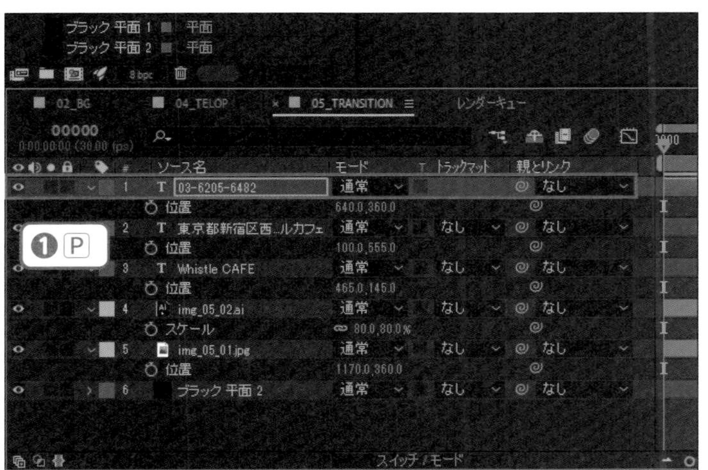

11 [位置]プロパティを表示する

「03－6205－6482」テキストレイヤーが選択されている状態で、Pキーを押して❶、[位置]プロパティを表示します。

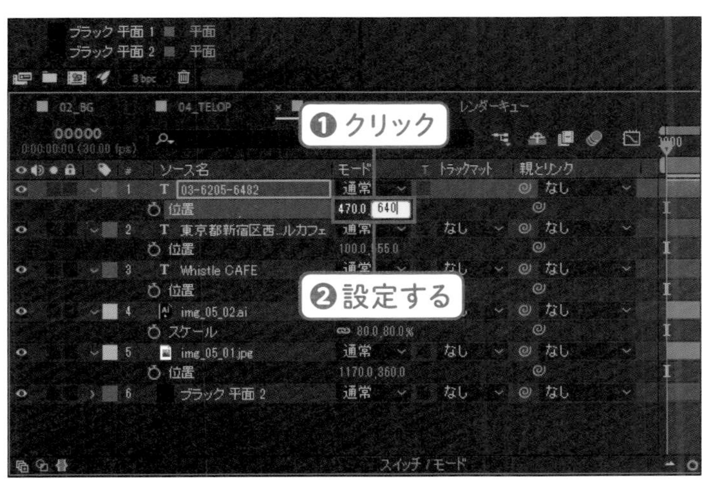

12 [位置]を設定する

[位置]の数値部分をクリックして❶、「470.0,640.0」に設定します❷。

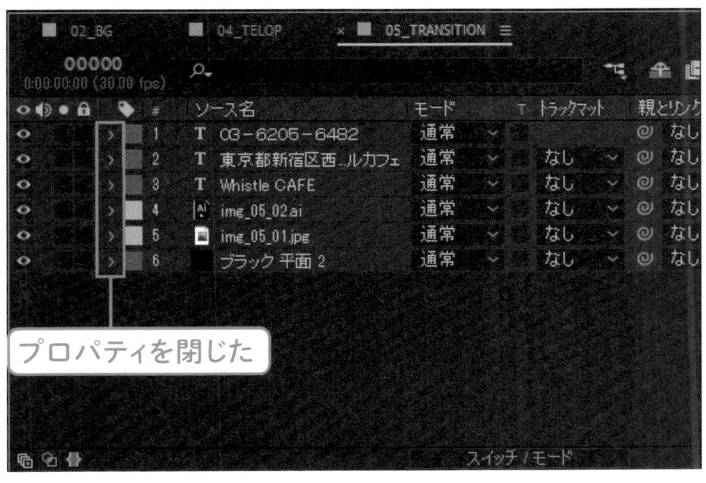

13 レイヤープロパティを閉じる

開いているレイヤープロパティを閉じておきましょう。レイヤー名の左横の をクリックして、レイヤープロパティを閉じます。

MEMO

開いているレイヤープロパティはすべて閉じておきます。

Lesson 04

テキストをアニメーションさせよう

「不透明度」の設定を利用して、文字や画像が自然に出現するアニメーションを作ります。

練習ファイル 0504a.aep
完成ファイル 0504b.aep

電話番号のアニメーションを作成する

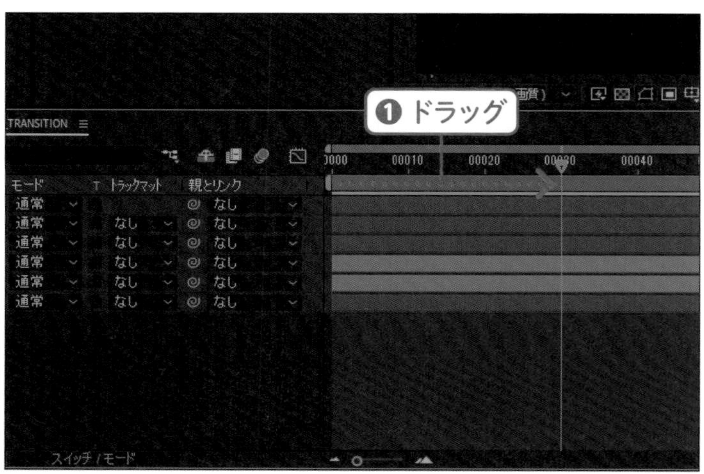

1 [現在の時間インジケーター]を移動する

[現在の時間インジケーター]を「30」フレームまでドラッグします❶。

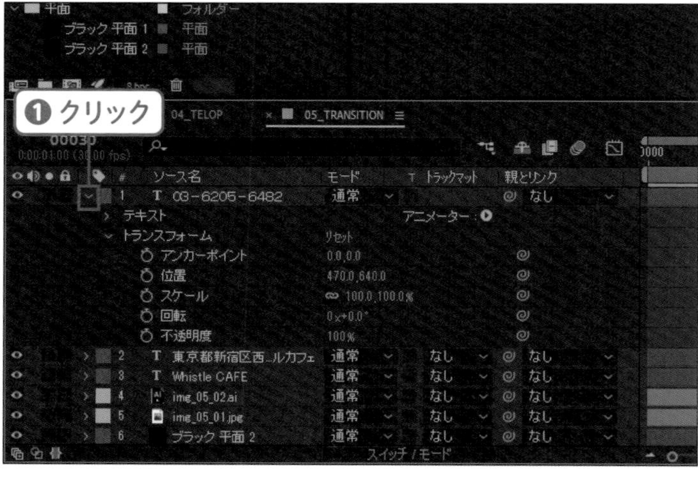

2 「03-6205-6482」のレイヤープロパティを開く

「03-6205-6482」レイヤー左横の › をクリックし❶、[トランスフォーム]プロパティを表示します。

3 ［トランスフォーム］プロパティを開く

［トランスフォーム］プロパティ左横の をクリックして❶、各種プロパティを表示させます。

4 ［不透明度］にキーフレームを追加する

［不透明度］のストップウォッチ をクリックします❶。

5 ［現在の時間インジケーター］を移動させる

キーフレームが追加されました。［現在の時間インジケーター］を「0」フレームまでドラッグします❶。

6 ［不透明度］の数値を変更する

不透明度の数値部分に「0」と入力します❶。

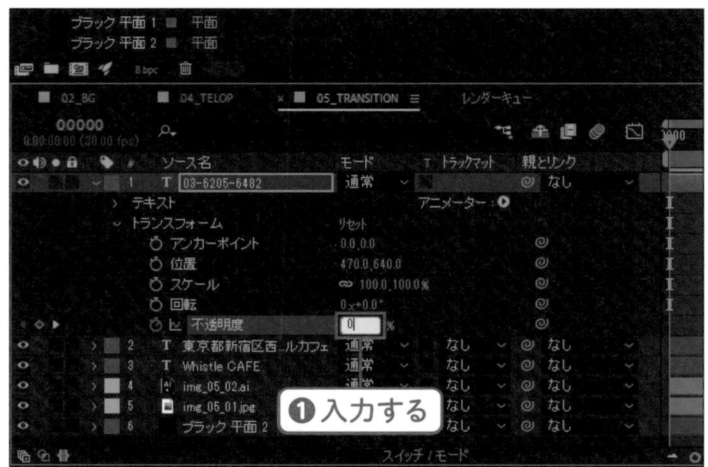

7 再生して確認する

Space キーを押して❶、再生してみましょう。電話番号のテキストレイヤーが1秒かけて表示されるアニメーションが追加されました。コンポジションでフレームレートを「30」に設定しているので、「0」から「30」フレームの移動で1秒となります。

●まとめてアニメーションを作成する

1 ［現在の時間インジケーター］を移動する

［現在の時間インジケーター］を「30」フレームまでドラッグします❶。

2 複数のレイヤーを選択する

先ほど作成した電話番号と同じ不透明度のアニメーションを、各レイヤーにも追加していきます。「東京都新宿区西…」テキストレイヤーをクリックし❶、Shift キーを押しながら「img_05_02.ai」をクリックします❷。

3 [不透明度] プロパティを表示する

図のように3つのレイヤーを選択した状態で、T キーを押します❶。

MEMO

ショートカットキーでの操作は半角英数字の入力モードで行います。

4 [タイムライン] パネルで確認する

選択した3つのレイヤーで [不透明度] プロパティが表示されました。

5 キーフレームを追加する

選択されているレイヤーのいずれかの［不透明度］プロパティで、ストップウォッチ をクリックします❶。

MEMO

レイヤーを複数選択してある状態で、同じプロパティのストップウォッチをクリックすると、それぞれのレイヤーにキーフレームが追加されます。

6 ［現在の時間インジケーター］を移動する

キーフレームが追加されました。［現在の時間インジケーター］を「0」フレームまでドラッグします❶。

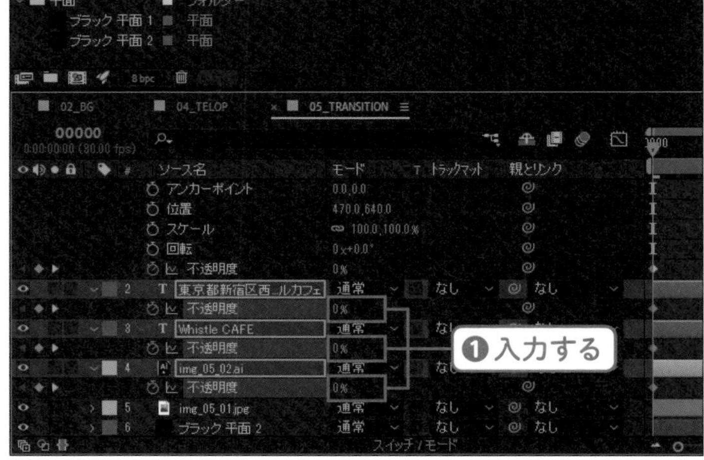

7 ［不透明度］の数値を変更する

選択されているレイヤーのいずれかの不透明度の数値部分に「0」と入力します❶。

8 ［タイムライン］パネルで確認する

選択した3つのレイヤーで［不透明度］プロパティにキーフレームが追加されました。

9 再生して確認する

Space キーを押して❶、再生してみましょう。すべてのテキストレイヤーが1秒かけて表示されるアニメーションが追加されました。

10 レイヤープロパティを閉じる

開いているレイヤープロパティを閉じておきましょう。レイヤー左横の をクリックして❶、レイヤープロパティを閉じます。

MEMO

開いているレイヤープロパティはすべて閉じておきます。

Lesson 05

エフェクトで色味を調整しよう

配置した画像の色味を調整して、画面全体のバランスを整えます。色味調整は、魅力的な画づくりや映像のクオリティを上げるために重要な要素です。しっかりと習得していきましょう。

練習ファイル　0505a.aep
完成ファイル　0505b.aep

1 「img_05_01.jpg」レイヤーを選択する

［タイムライン］パネルの「img_05_01.jpg」をクリックして❶、選択します。

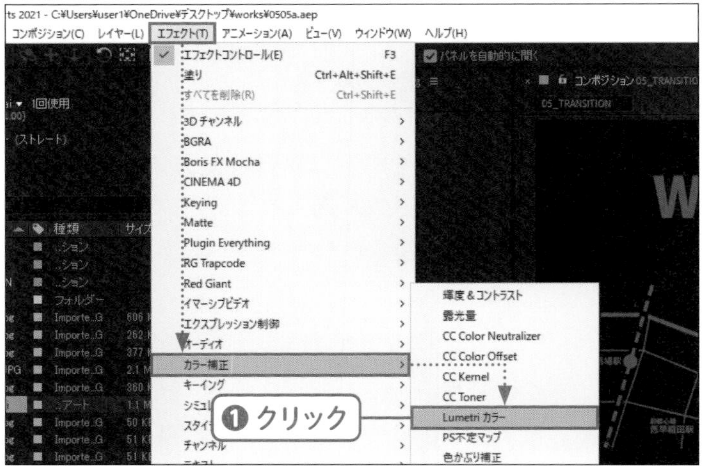

2 ［Lumetri カラー］エフェクトを追加する

［エフェクト］→［カラー補正］→［Lumetri カラー］の順にクリックします❶。

3 [クリエイティブ]の詳細を表示する

[エフェクトコントロール]パネルに[Lumetriカラー]が追加されたことを確認し❶、[クリエイティブ]左横の ▶ をクリックして❷、各種パラメーターを表示します。

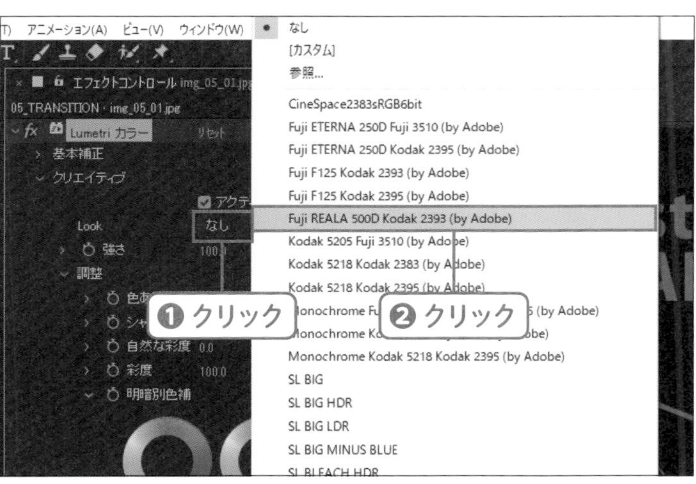

4 [Look]プリセットを変更する

[Look]右横の ▼ をクリックし❶、メニューから[Fuji REALA 500D Kodak 2393]をクリックして❷、選択します。

5 [コンポジション]パネルで確認する

[コンポジション]パネルを確認します❶。「img_05_01.jpg」のコントラストが強くなり色味が変更されました。

MEMO

エフェクトの効果を確認したいときは、[エフェクトコントロール]パネルのエフェクト名、左にある fx をクリックでON/OFFを切り替えることができます。

Column

カラーグレーディングとは

カラーグレーディングは映像の雰囲気を決めるのに必要不可欠な要素です。全体の色味を合わせることで統一感が生まれ、映像にメッセージを持たせることができます。ここでは、Lumitriプリセットを利用してカラーの印象について紹介します。プリセットは用途やシーン、元の色によって調整が必要です。

▶ Fuji F125 Kodak 2395

彩度を抑えてオレンジ色がかった色味に調整されます。

▶ SL CLEAN STRAIGHT HDR

自然な色合いで明度と彩度が高く調整されます。

▶ SL BULE DAY4NITE

青みを足してダークトーンに調整されます。

▶ SL MATRIX GREEN

全体的に緑色に調整されます。

Chapter

立体的なアニメーションを作ろう

第6章では、カメラワークをしているような立体的な動きをする動画の作成方法を学びます。静止画の画像にAfter Effectsの3D機能を使って立体的な動きを加え、3Dと2Dを使い分けることで効果的なアニメーションに仕上げることができます。

Visual Index | Chapter 6

立体的なアニメーションを作ろう

完成イメージ

この章のポイント

3Dレイヤー機能を使用することで、平面的な画像を立体的な動きにすることができます。カメラレイヤーを使用してカメラワークをしているような動きやぼかしの表現をします。

POINT 1 3Dアニメーションにする準備をする

After Effectsには3D機能が搭載されています。カメラレイヤーを作成して、3Dアニメーションにする準備をします。

→ P.170

POINT 2 3Dに画像を配置する

読み込んだ画像に3Dレイヤーを適用して3D空間に配置します。

→ P.174

POINT 3 2Dとして文字と図形を配置する

3Dレイヤーと同じコンポジション内に、2Dレイヤーを配置します。同じ空間に2Dのテキストを配置することでカメラから独立した動きを付け、文字を目立たせることができます。

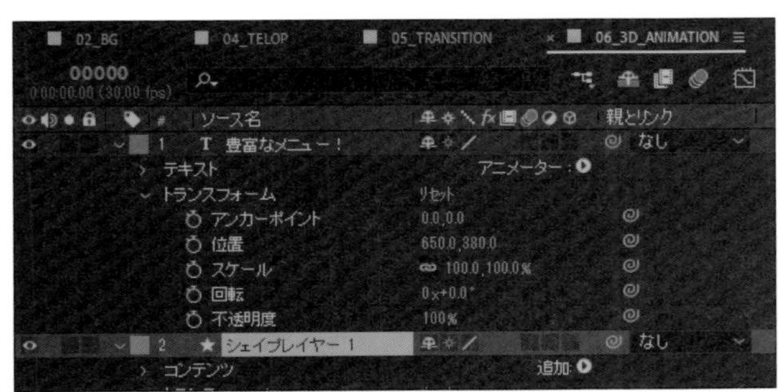

→ P.178

POINT 4 カメラレイヤーを使用してカメラワークを付ける

カメラレイヤーを使用することで、「立体的な動き」や「ぼかし表現」などのカメラワークを付けることができます。

→ P.188

Lesson 01

カメラを配置しよう

練習ファイル 0601a.aep
完成ファイル 0601b.aep

［カメラ設定］を使うことによって、映像を立体的に捉えることができます。ここではカメラを配置し、3Dアニメーションにする準備を行います。

1 ［新規コンポジション］を作成する

新しいカットを制作するので、［新規コンポジション］を作成します。［プロジェクト］パネルで「02_BG」コンポジションをクリックし❶、［コンポジション］メニュー→［新規コンポジション］の順にクリックします❷。

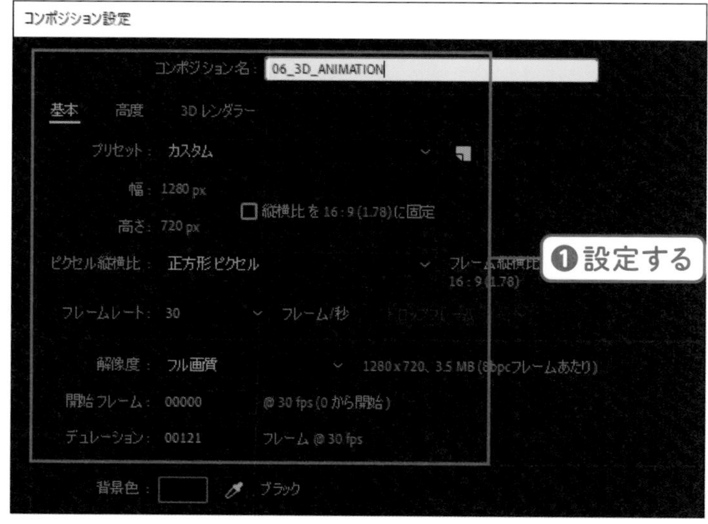

2 ［コンポジション設定］画面で設定する

［コンポジション設定］画面が表示されるので、以下のように設定します❶。

コンポジション名	06_3D_ANIMATION
幅	1280
高さ	720
フレームレート	30
解像度	フル画質
開始フレーム	00000
デュレーション	00121

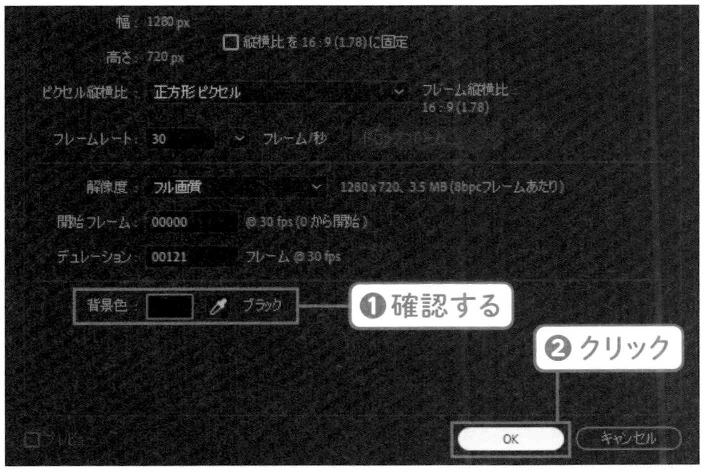

3 ［コンポジション設定］画面を閉じる

［背景色］が［ブラック］になっていることを確認し❶、［OK］をクリックして❷、［コンポジション設定］画面を閉じます。

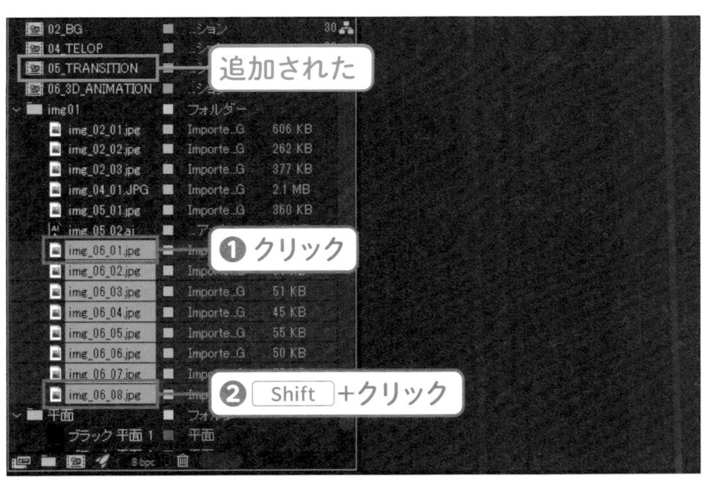

4 静止画ファイルを選択する

［プロジェクト］パネルに「06_3D_ANIMATION」が追加されました。カメラを配置する前に、静止画ファイルをタイムラインに読み込みます。［プロジェクト］パネルの［img01］フォルダーにある「img_06_01.jpg」をクリックし❶、Shift キーを押しながら「img_06_08.jpg」クリックして❷、8つの静止画ファイルを複数選択します。

5 静止画ファイルを［タイムライン］に配置する

選択した静止画ファイルを［タイムライン］パネルにドラッグ＆ドロップし❶、配置します。

6 3Dレイヤーに切り替える

[タイムライン]パネルに配置した各レイヤーが全選択されている状態で[3Dレイヤー]スイッチをクリックして❶、有効にします。

MEMO

[タイムライン]上に[3Dレイヤー]列が表示されていない場合は[スイッチ／モード]をクリックすると表示されます。

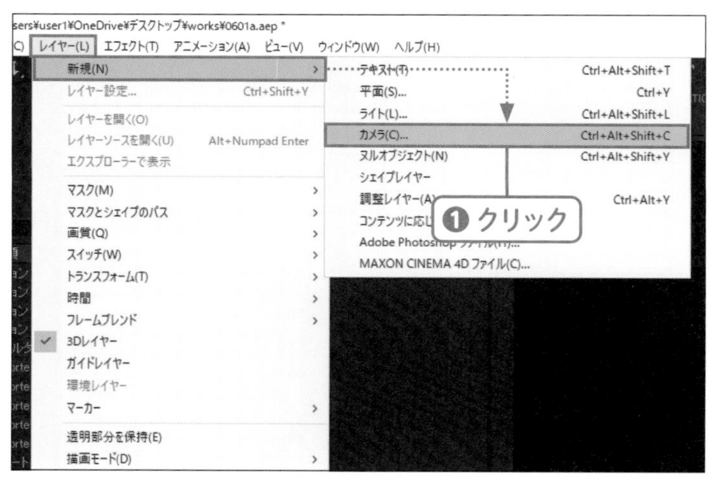

7 [カメラレイヤー]を作成する

[レイヤー]メニュー→[新規]→[カメラ]の順にクリックします❶。

MEMO

カメラレイヤーを作成できない方は、[タイムライン]パネルをクリックしてからカメラを作成します。

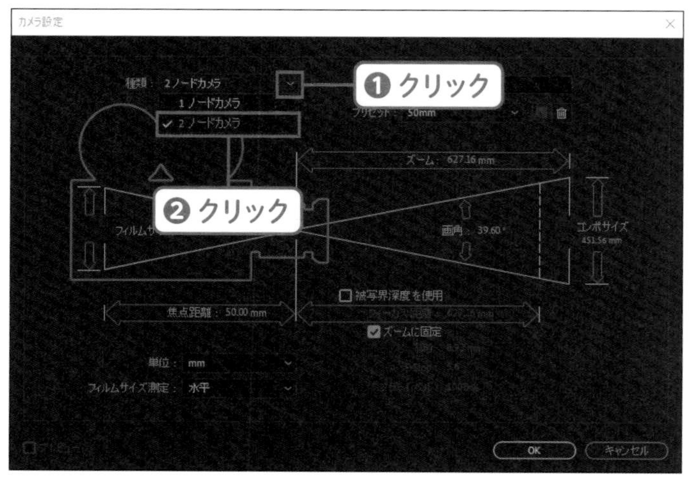

8 [カメラ設定]を確認する

表示された[カメラ設定]画面の[種類]のをクリックし❶、表示されるメニューから[2ノードカメラ]をクリックして❷、選択します。

MEMO

2ノードカメラには目標点があり、1ノードカメラには目標点がありません。ここでは、立体的な映像にするために2ノードカメラを使用します。

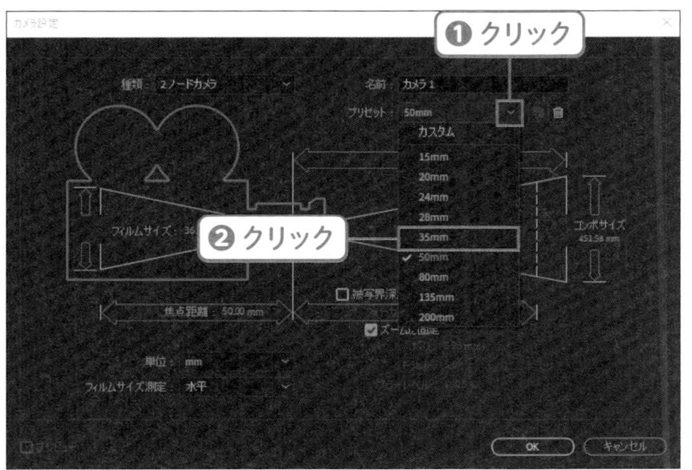

9 ［プリセット］を変更する

［プリセット］の をクリックし❶、表示されるメニューから［35mm］をクリックして❷、選択します。

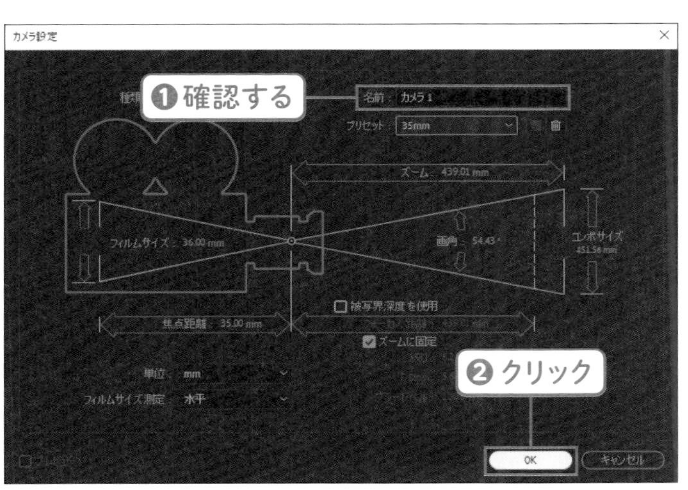

10 ［カメラ設定］画面を閉じる

［名前］が「カメラ1」になっていることを確認し❶、［OK］をクリックして❷、［カメラ設定］画面を閉じます。

11 ［タイムライン］パネルを確認する

［タイムライン］パネルに［カメラ1］レイヤーが作成されたことを確認します❶。

Lesson

02 画像を3Dに配置しよう

読み込んだ画像を3Dレイヤーにして、3D空間に画像を配置していきます。立体的な視点に切り替える確認方法も学んで、3Dで把握できるようにしましょう。

練習ファイル　0602a.aep
完成ファイル　0602b.aep

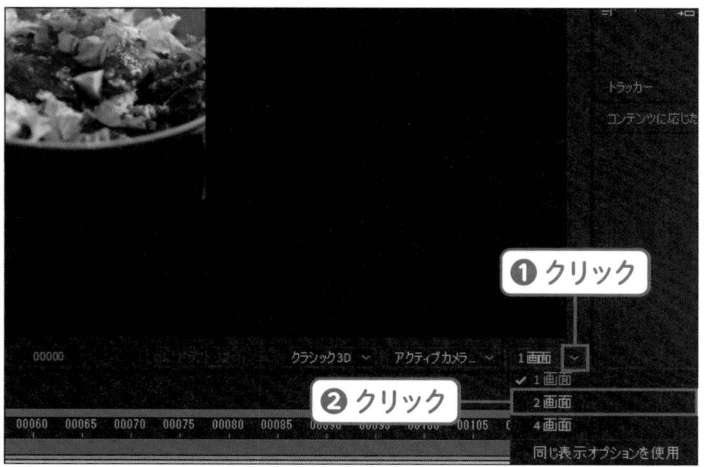

1 ［ビューのレイアウトを選択］を変更する

はじめに3Dでの作業を行いやすいように準備をします。［コンポジション］パネル下側の［ビューのレイアウトを選択］の をクリックし❶、表示されるメニューから［2画面］をクリックして❷、選択します。

MEMO

［ビューのレイアウトを選択］が隠れてしまっている場合は、［エフェクトコントロール］パネルを閉じます。

❶ クリック

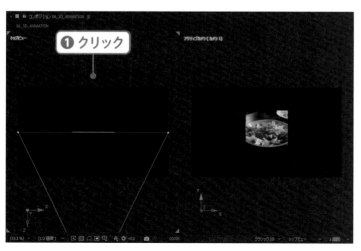

2 変更したいビューを選択する

左側のビューをカスタムビューに変更したいので、表示された2画面のうち左側のビューをクリックして❶、選択します。

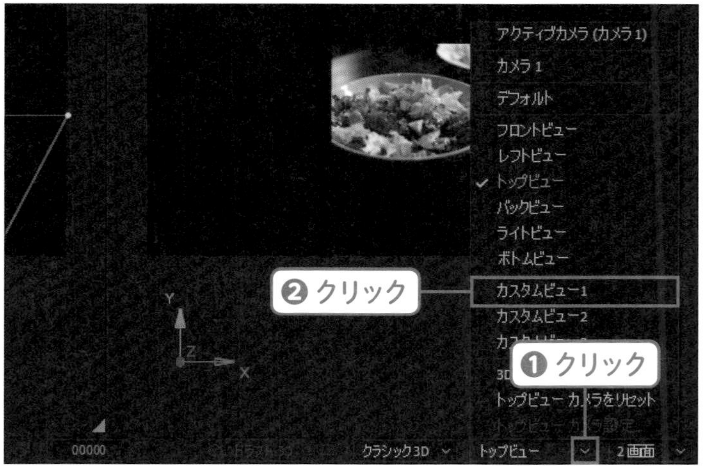

3 [3Dビュー]を変更する

[コンポジション]パネル下側の[3Dビュー]の をクリックし❶、表示されるメニューから[カスタムビュー1]をクリックして❷、変更します。

MEMO

ここまでの手順で、左側が[カスタムビュー1]、右側が[アクティブカメラ(カメラ1)]となります。

4 [拡大率]を変更する

[拡大率]の をクリックし❶、表示されるメニューから[全体表示]をクリックします❷。

5 [トランスフォーム]プロパティを開く

[img_06_01.jpg]レイヤー左横の をクリックし❶、[トランスフォーム]プロパティ左横の をクリックします❷。

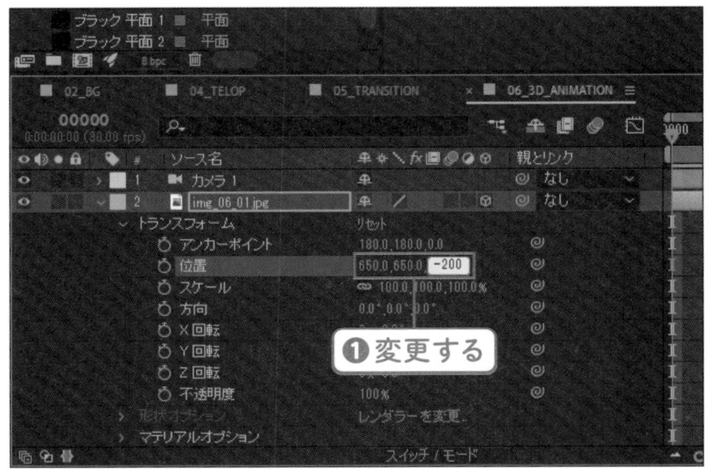

6 ［位置］を変更する

［トランスフォーム］プロパティの［位置］の値を「650.0」「650.0」「-200.0」に変更します❶。

MEMO

3Dレイヤーを有効にすると、［位置］プロパティに3つめの数値が追加されます。数値は、左から、X軸（横）、Y軸（縦）、Z軸（奥行き）を表します。

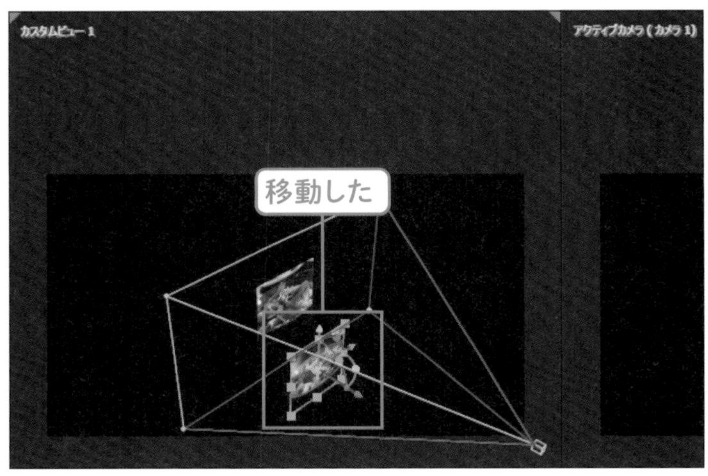

7 ［カスタムビュー1］パネルで確認する

［カスタムビュー1］パネルを確認すると、［img_06_01.jpg］レイヤーだけZ軸（青い軸）方向に移動していることが視覚的に確認できます。

8 静止画レイヤーを複数選択する

残り7枚の静止画レイヤーの位置も変更していきます。［タイムライン］パネルで［img_06_02.jpg］レイヤーをクリックし❶、Shift キーを押しながら「img_06_08.jpg」レイヤーをクリックして❷、7つの静止画を複数選択します。

9 ショートカットキーで[位置]プロパティを表示する

Pキーを押して❶、選択されているレイヤーの［位置］プロパティを表示します。

10 レイヤーの選択を解除する

［タイムライン］パネルで複数選択された状態で1つのレイヤープロパティ数値を変更すると、選択しているレイヤーすべてに連動して数値が変更されてしまうため選択を解除しておきます。［編集］メニュー→［すべてを選択解除］の順にクリックします❶。

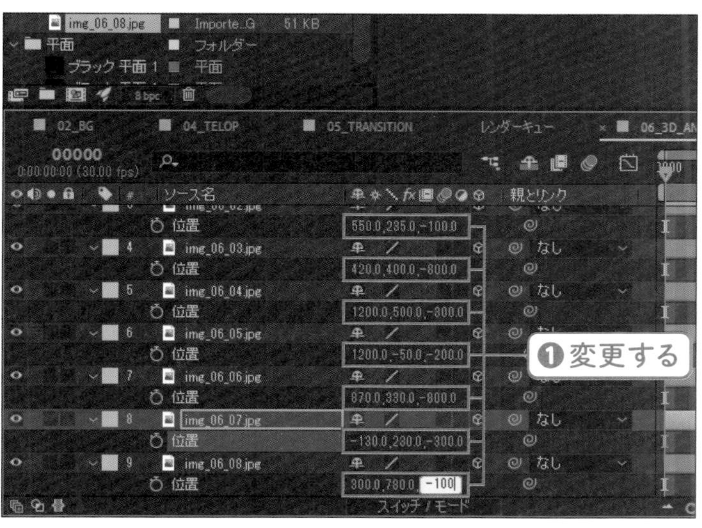

11 各レイヤーの［位置］を変更する

以下を参考に［位置］の値を変更します❶。

レイヤー名	［位置］プロパティの数値		
img_06_02.jpg	550.0	235.0	-100.0
img_06_03.jpg	420.0	400.0	-800.0
img_06_04.jpg	1200.0	500.0	-300.0
img_06_05.jpg	1200.0	-50.0	-200.0
img_06_06.jpg	870.0	330.0	-800.0
img_06_07.jpg	-130.0	230.0	-300.0
img_06_08.jpg	300.0	780.0	-100.0

Lesson

03 文字と図形を配置しよう

練習ファイル 0603a.aep
完成ファイル 0603b.aep

ここまではカメラと3Dレイヤーを配置しましたが、同じコンポジション内に2Dレイヤーも配置することができます。2Dレイヤーはカメラの影響を受けないため、文字デザインを目立たせる効果があります。

テキストを作成する

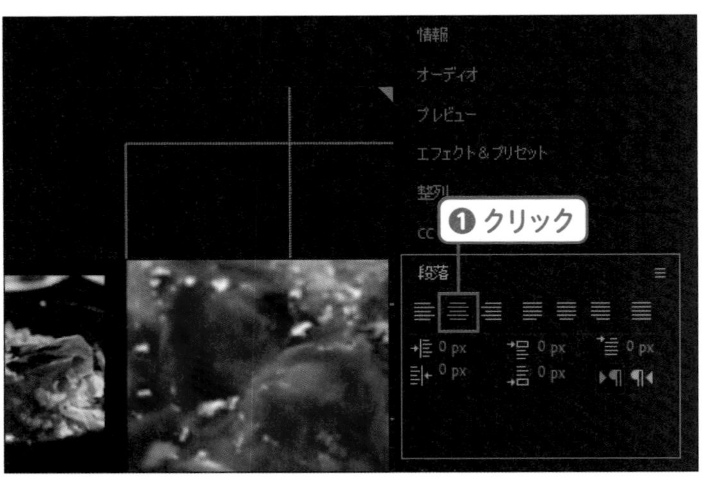

1 テキストを中央揃えにする

テキストを入力する前の準備を行います。［段落］パネルの［テキストの中央揃え］をクリックして❶、選択します。

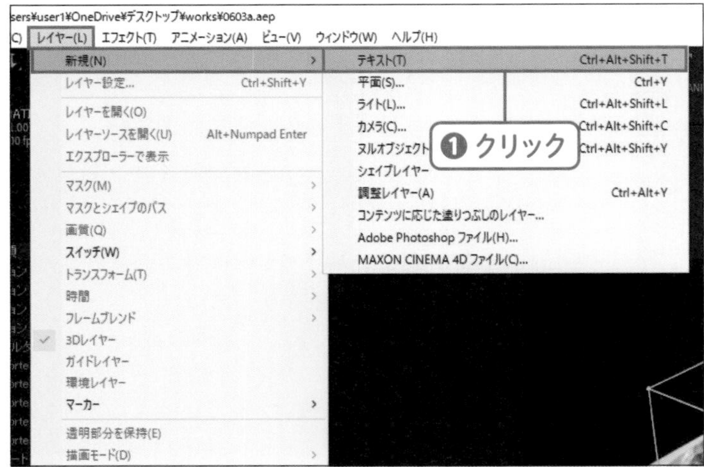

2 テキストレイヤーを配置する

［レイヤー］→［新規］→［テキスト］の順にクリックします❶。

MEMO

テキストレイヤーが作成できない場合は［タイムライン］パネルを選択して、［新規］→［テキスト］の順にクリックします。

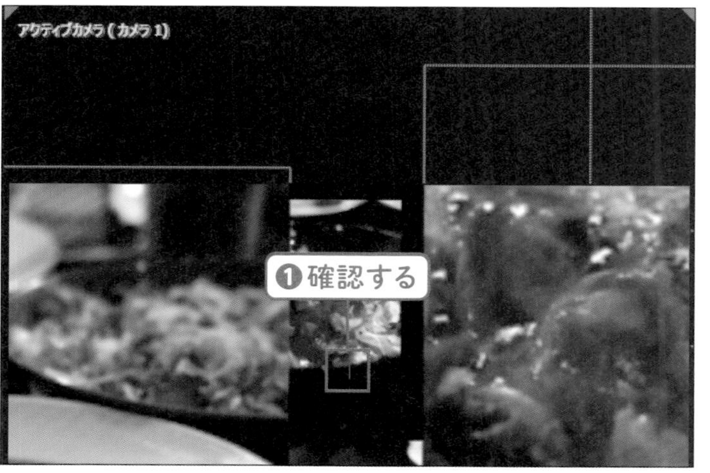

3 ［コンポジション］パネルを確認する

［コンポジション］パネルにカーソル（赤い縦棒）が表示されていることを確認します❶。

MEMO

［コンポジション］パネルのビューに赤い縦棒が表示されていない場合は、［タイムライン］パネルに追加されたテキストレイヤーをダブルクリックすることで、文字入力ができるようになります。

4 テキストを入力する

「豊富なメニュー！」と入力します❶。

5 入力を確定する

［タイムライン］パネルのテキストレイヤーをクリックし❶、入力を確定します。［ソース名］が入力したテキストに変わっていることを確認します❷。

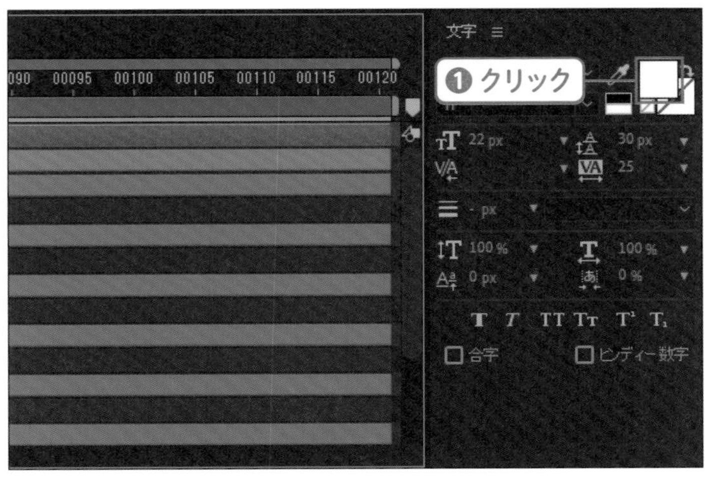

6 [テキストカラー]を表示させる

[文字]パネルの[塗りのカラー]をクリックし❶、[テキストカラー]画面を表示します。

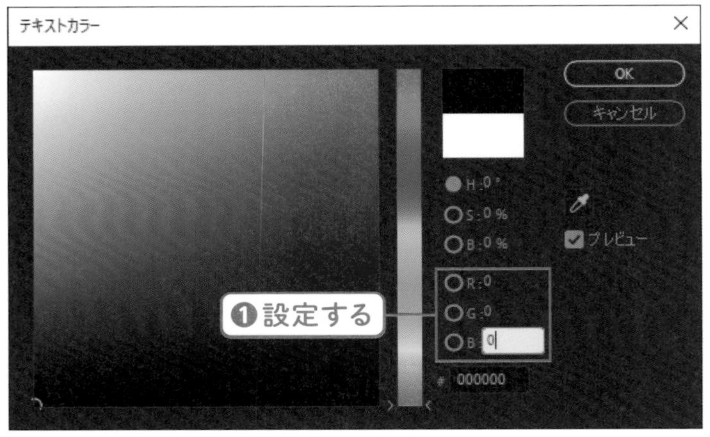

7 テキストカラーを設定する

ここでは、テキストのカラーを「黒」に変更します。[テキストカラー]画面が表示されるので、[RGB]の数値をすべて「0」に設定します❶。

R	0
G	0
B	0

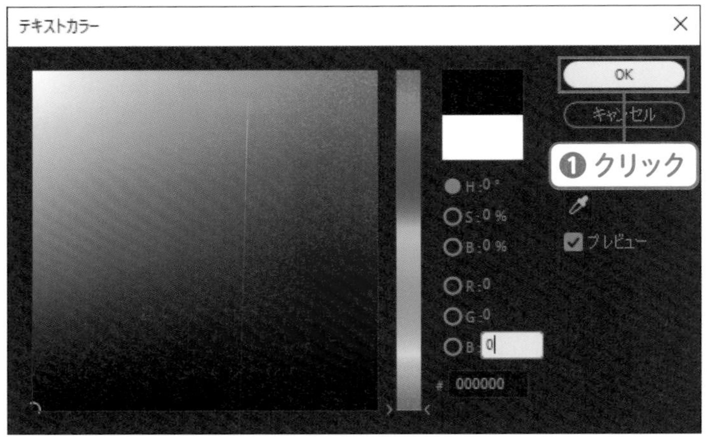

8 [テキストカラー]画面を閉じる

[OK]をクリックし❶、画面を閉じます。

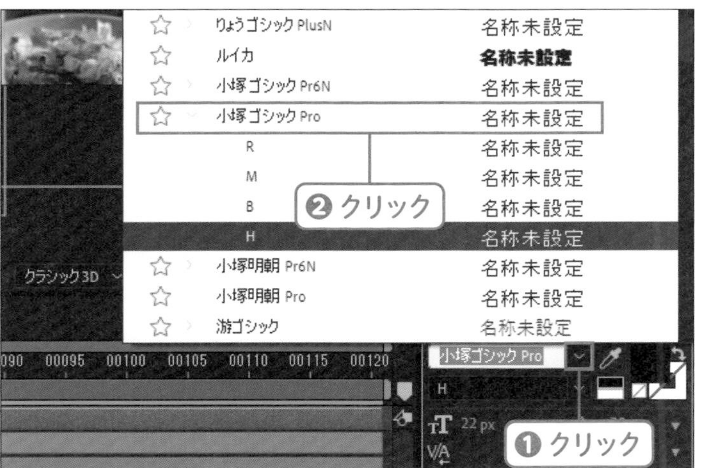

9 フォントファミリーを変更する

[文字]パネルの[フォントファミリーを設定]の をクリックし❶、表示されるメニューから[小塚ゴシック Pro]をクリックして❷、変更します。

MEMO

「小塚ゴシック Pro」がない場合は、「游ゴシック」や「ヒラギノ角ゴシック」を選びます。

10 フォントスタイルを変更する

[文字]パネルの[フォントスタイルを設定]の を クリックし❶、表示されるメニューから[H]をクリックして❷、変更します。

MEMO

[R]と[M]の場合は、[M]選択してください。小塚ゴシック Pro以外のフォントを選択している場合は、「Regular」などの任意のものを選択します。

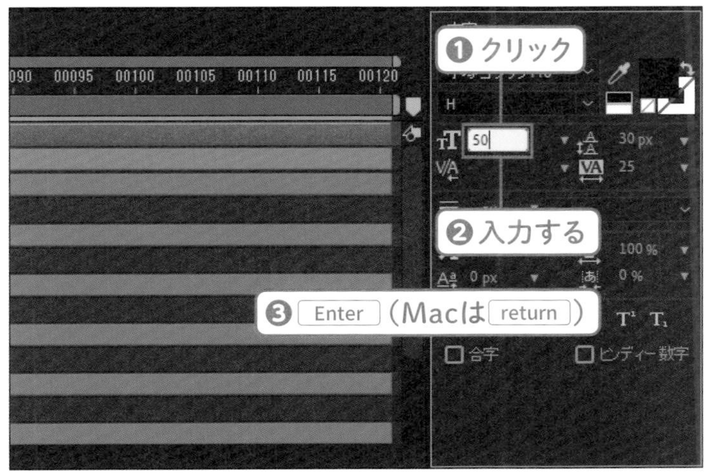

11 フォントサイズを変更する

[文字]パネルの[フォントサイズを設定]の数値部分をクリックし❶、「50」と入力して❷、Enter (Macは return) キーを押します❸。

12 ［トランスフォーム］プロパティを表示する

［タイムライン］パネルのテキストレイヤー左横の ▶ をクリックし❶、［トランスフォーム］プロパティ左横の ▶ をクリックします❷。

13 ［位置］を変更する

［位置］の数値を「650.0」「380.0」に設定します❶。

●図形を作成する

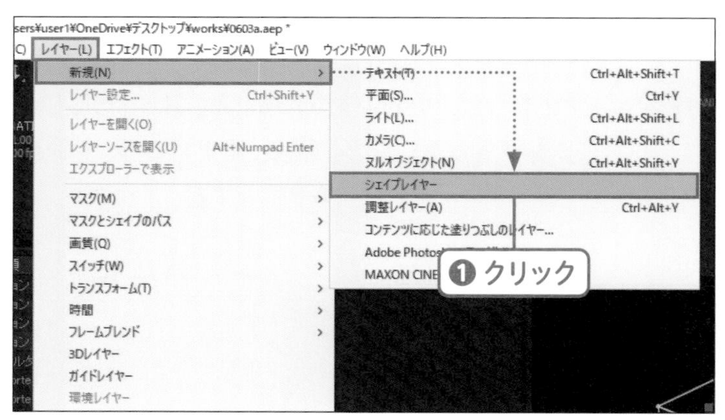

1 ［シェイプレイヤー］を配置する

［レイヤー］メニュー→［新規］→［シェイプレイヤー］の順にクリックします❶。

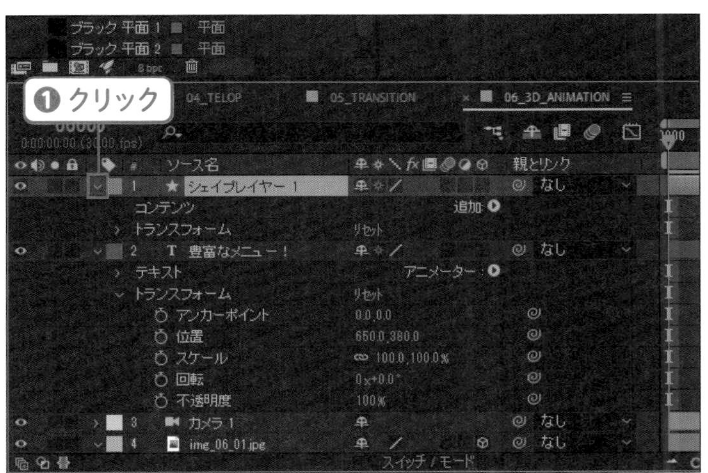

2 ［コンテンツ］を表示する

［タイムライン］パネルで［シェイプレイヤー 1］左横の ▶ をクリックし❶、［コンテンツ］を表示します。

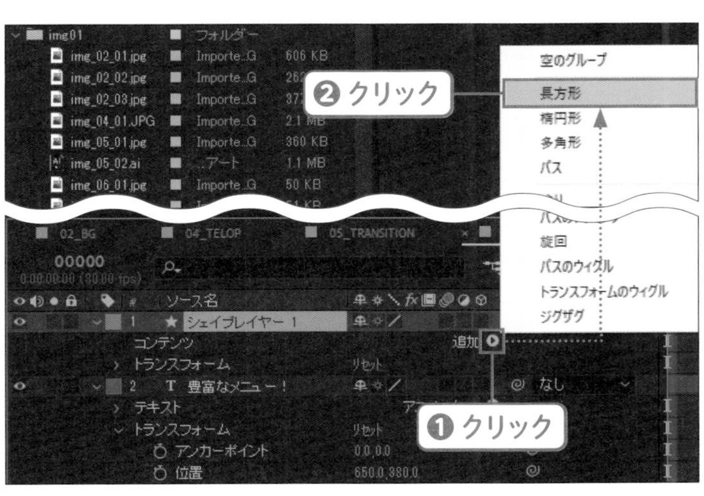

3 ［長方形］を追加する

［コンテンツ］の［追加］▶ をクリックし❶、表示されたコンテンツの一覧から［長方形］をクリックして❷、選択します。

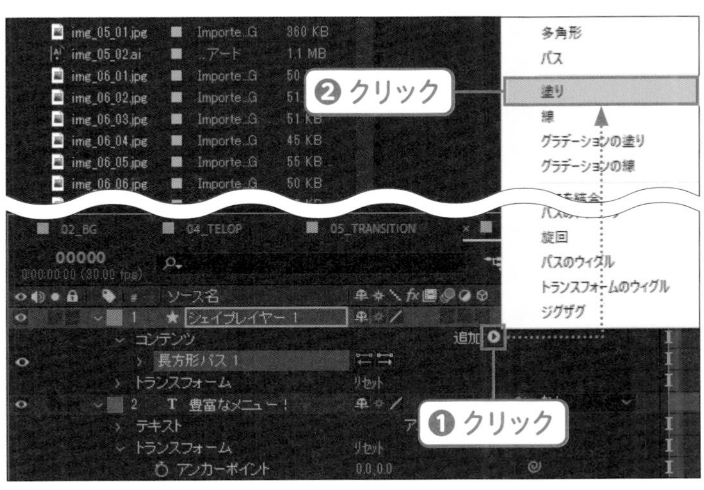

4 ［塗り］を追加する

同様に［コンテンツ］の［追加］▶ クリックし❶、［塗り］をクリックして❷、選択します。

5 ［コンテンツ］を確認する

［コンテンツ］プロパティを確認すると❶、［長方形パス1］と［塗り1］が追加されました。

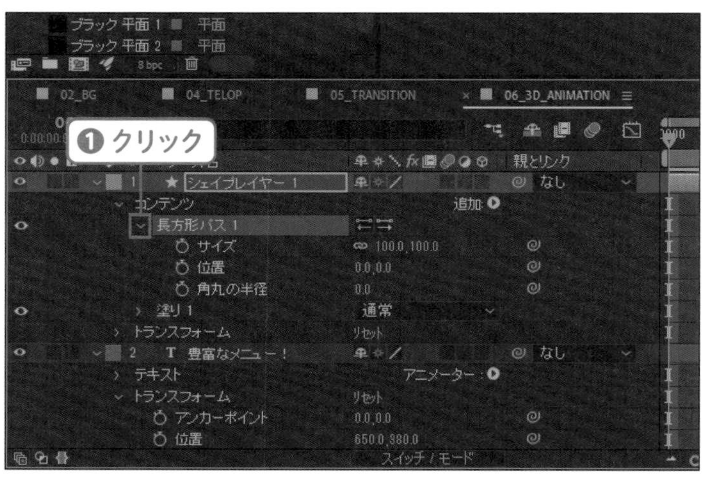

6 ［長方形］プロパティを開く

［コンテンツ］にある［長方形パス1］左横の ▶ をクリックし❶、［長方形］プロパティを表示します。

7 ［サイズ］を変更する

［現在の縦横比を固定］ をクリックして❶、設定を解除し、［サイズ］を「430.0」「70.0」に設定します❷。

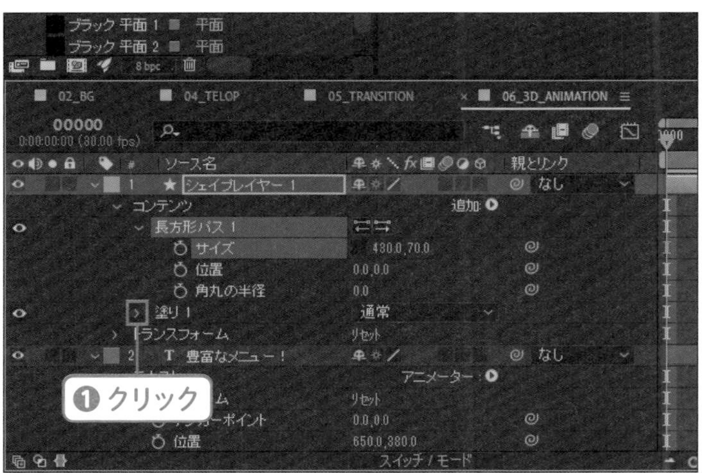

8 [塗り1]を表示する

[コンテンツ]にある[塗り1]左横の ▶ をクリックします❶。

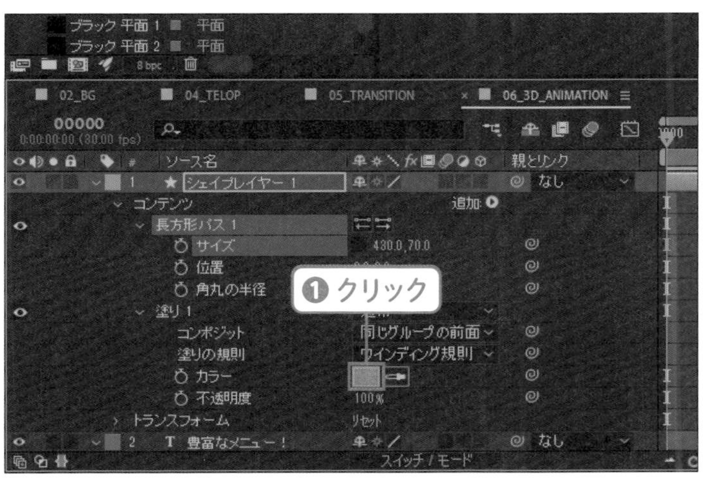

9 [カラー]画面を表示する

[カラー]右横のカラーボックスをクリックして❶、[カラー]画面を開きます。

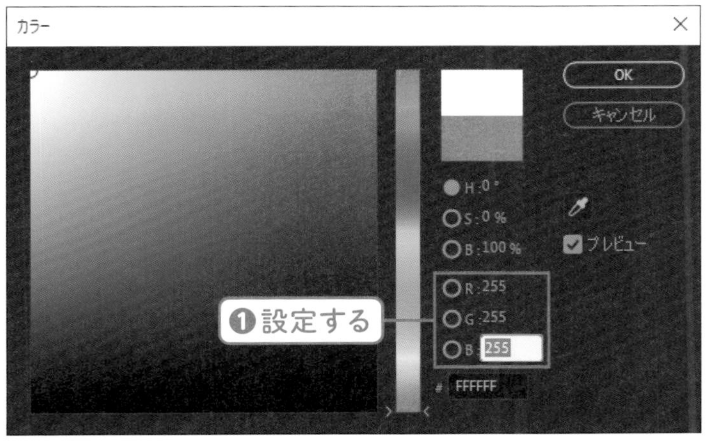

10 [塗り]の色を変更する

ここでは、シェイプのカラーを「白」に変更します。[RGB]の数値をすべて「255」に設定します❶。

R	255
G	255
B	255

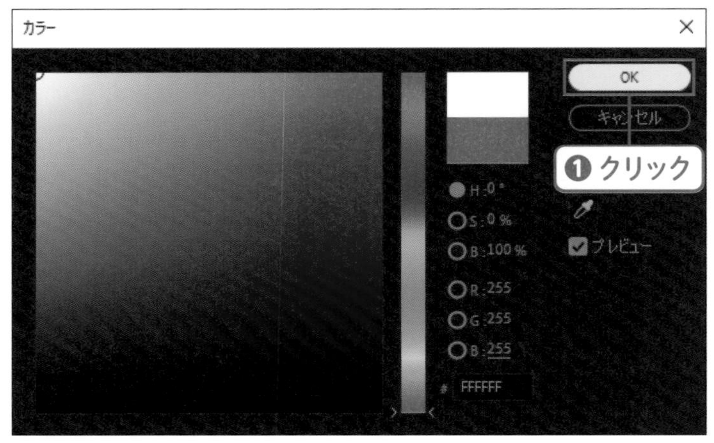

11 ［カラー画面］を閉じる

［OK］をクリックして❶、画面を閉じます。

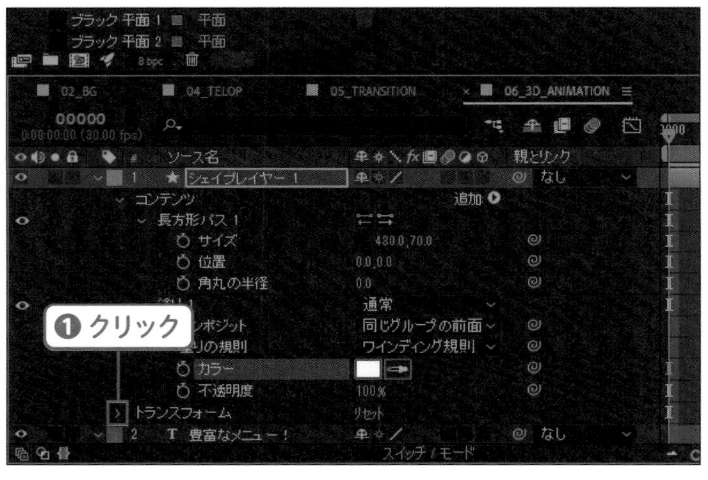

12 ［トランスフォーム］プロパティを開く

［シェイプレイヤー1］の［トランスフォーム］プロパティ左横の ▶ をクリックします❶。

13 ［位置］を変更する

［位置］の数値を「640.0」「360.0」に変更します❶。

14 レイヤー順を変更する

[タイムライン]パネルの[シェイプレイヤー1]をクリックし❶、テキストレイヤーの下にドラッグ&ドロップして❷、移動します。

MEMO

レイヤープロパティが開いていると表示面積が大きくなるため、レイヤー順を移動するのが難しい場合があります。プロパティを閉じてからレイヤー順を変更してみましょう。

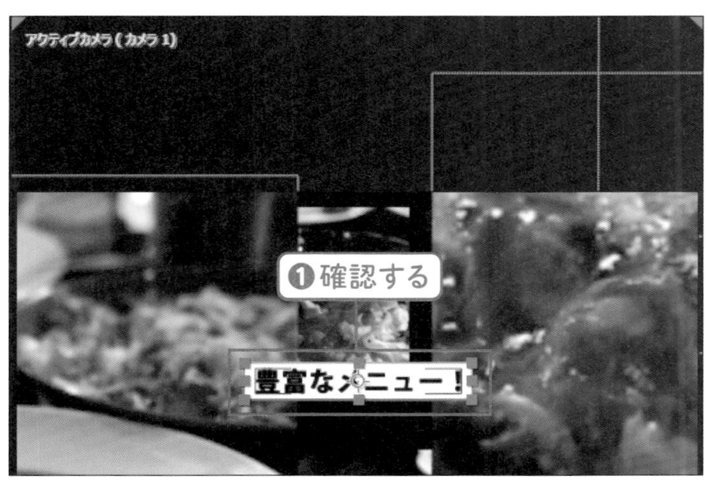

15 [コンポジション]パネルで確認する

テキストに白い背景が付き、文字が読みやすくなったことを確認します❶。2Dレイヤーは、[タイムライン]パネルのレイヤー順によって表示が変わることを覚えておきましょう。

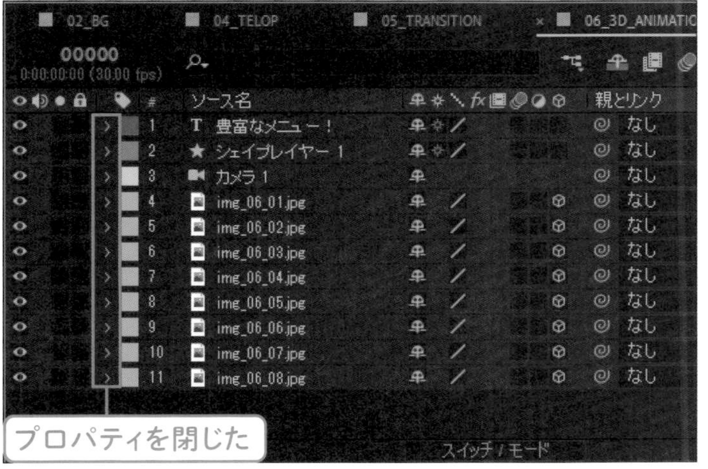

16 プロパティを閉じる

プロパティを閉じておきましょう。[タイムライン]パネルで をすべてクリックして、プロパティを閉じます。

Lesson 04

カメラワークを付けよう

練習ファイル　0604a.aep
完成ファイル　0604b.aep

これまでに3D空間に配置した3Dレイヤーに、カメラを使ってアニメーションを付けます。カメラを使えば「立体的な動き」や「ぼかし表現」などのカメラワークが表現できます。

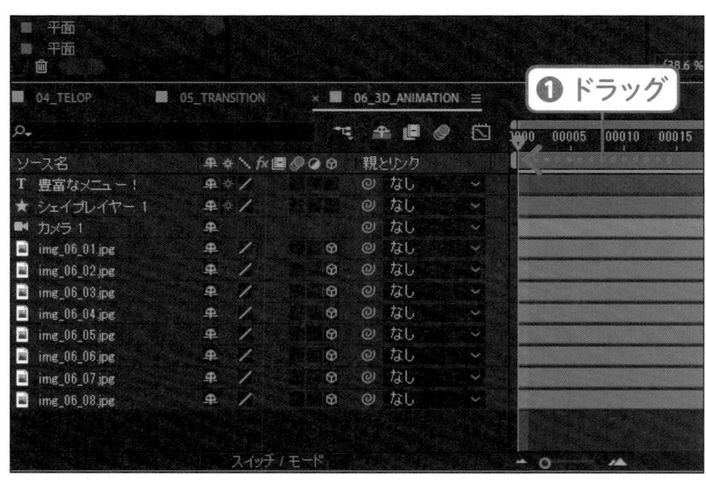

1 ［現在の時間インジケーター］を「0」フレームに移動する

［タイムライン］パネルの［現在の時間インジケーター］をドラッグし❶、「0」フレームに移動します。

2 ［トランスフォーム］プロパティを開く

［タイムライン］パネルにある［カメラ1］レイヤー左横の ＞ をクリックし❶、［トランスフォーム］左横の ＞ をクリックして❷、カメラの［トランスフォーム］プロパティを開きます。

3 ［位置］の値を変更する

［トランスフォーム］プロパティの［位置］の値を「640.0」「360.0」「-1200.0」に変更します❶。

キーフレームを追加する

［位置］の左側にあるストップウォッチ をクリックします❶。

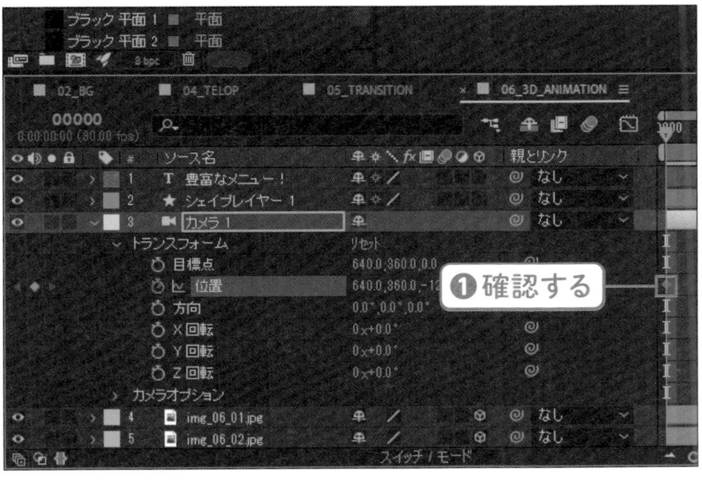

キーフレームを確認する

［タイムグラフ］を見て［キーフレーム］が追加されたことを確認します❶。

6 ［現在の時間インジケーター］を移動する

［タイムライン］パネルの［現在の時間インジケーター］をドラッグし❶、「120」フレームに移動します。

7 ［位置］の値を変更する

［トランスフォーム］プロパティの［位置］の値を「640.0」「360.0」「-1800.0」に変更します❶。

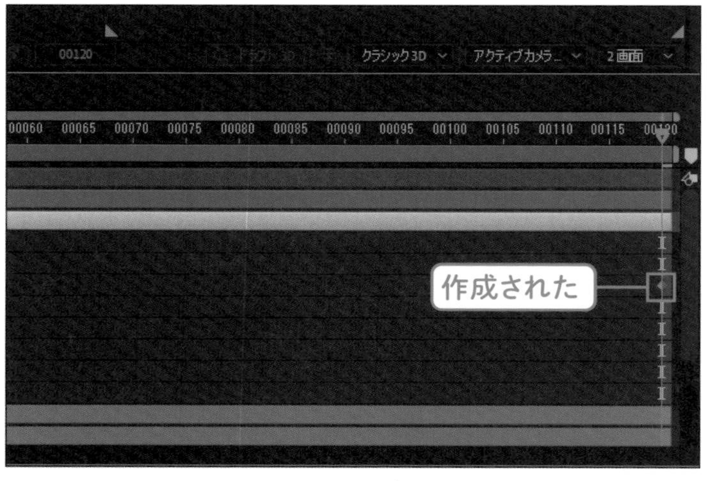

8 タイムグラフを確認する

数値を変更したことでキーフレームが自動で作成されました。

MEMO

［ストップウォッチ］が有効のとき、［現在の時間インジケーター］上の［キーフレーム］が追加されていない位置で数値を変更すると、自動で［キーフレーム］が追加されます。

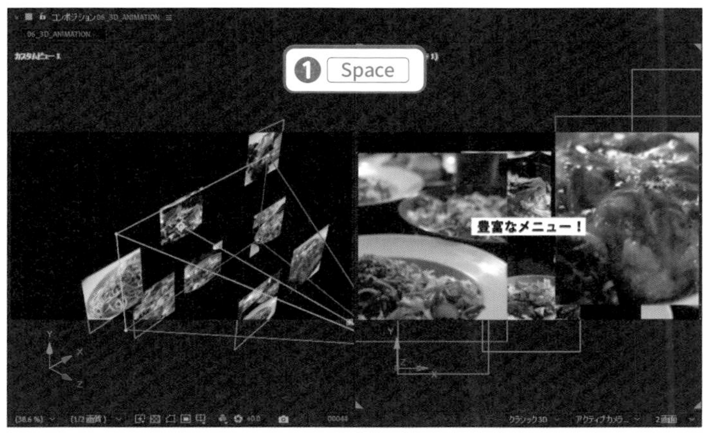

9 再生して確認する

Space キーを押して❶、再生します。カメラがZ軸上で移動するアニメーションが作成できました。空間に配置された静止画レイヤーがだんだん広く見えてくるようなアニメーションです。現状のままでもいいですが、カメラの動き始めのアニメーションに緩急を付けてみましょう。

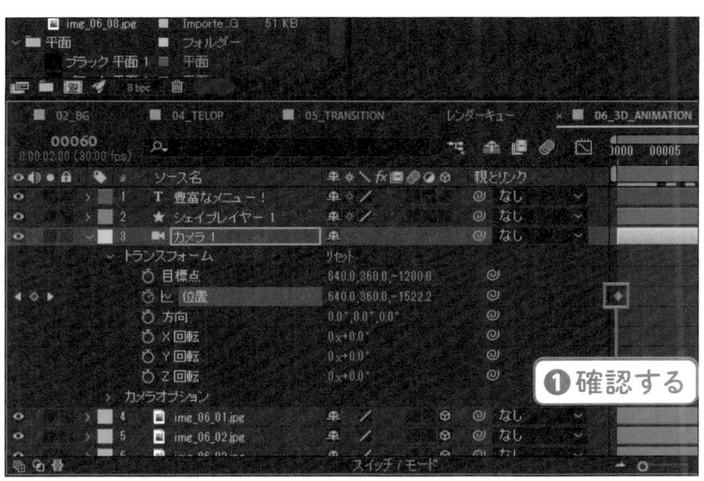

10 キーフレームを確認する

緩急を付けたい「0」フレームにあるカメラレイヤーのキーフレーム表示をタイムグラフで確認します❶。通常のひし形状のものはリニア（直線的な動き）であることを表しています。

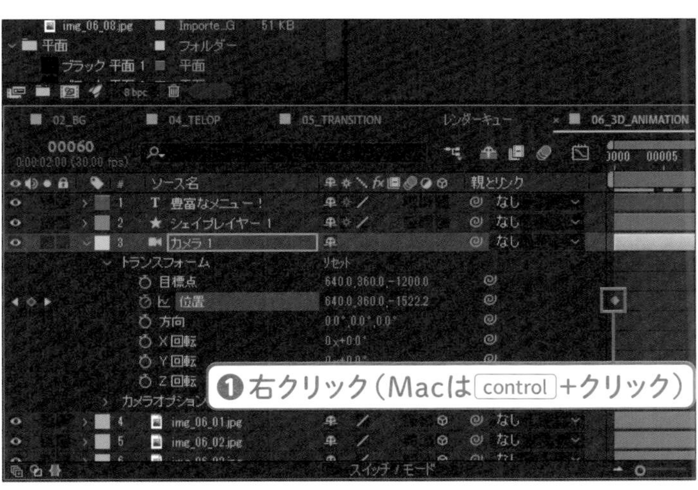

11 アニメーションを調整する

確認した「0」フレームの［キーフレーム］上で右クリック（Macは control キー＋クリック）します❶。

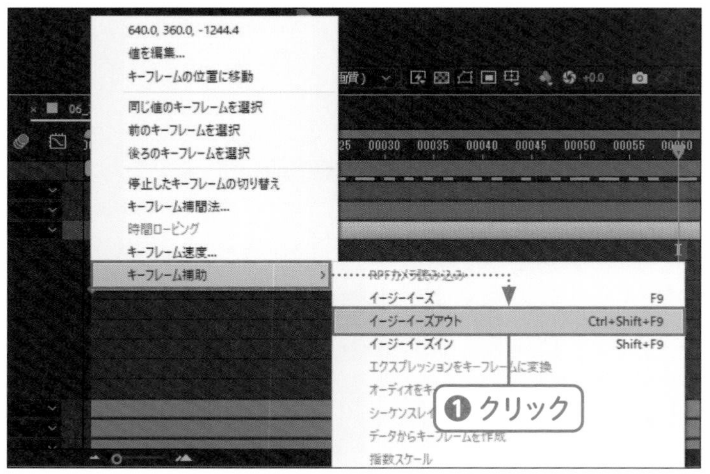

12 イージーイーズアウトを追加する

メニューから［キーフレーム補助］→［イージーイーズアウト］の順にクリックします❶。

13 イージーイーズアウトが追加される

キーフレームをタイムグラフで確認すると❶、キーフレームに［イージーイーズアウト］が加わり、表示が変更されたことがわかります。

MEMO

イーズについては132ページのコラムを確認してください。

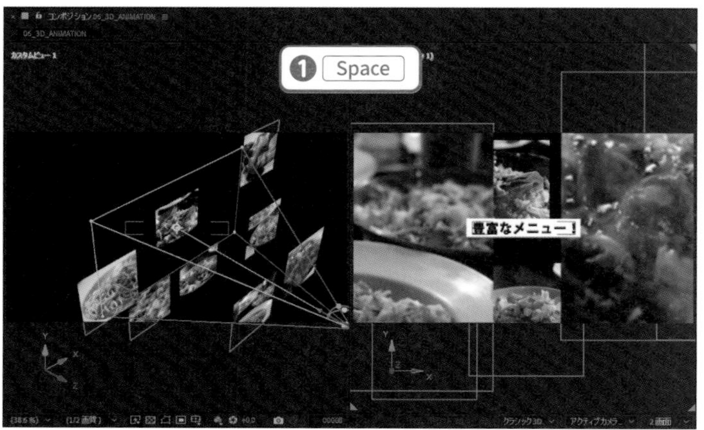

14 再生して確認する

Space キーを押して❶、再生します。イージーイーズアウトを設定したことで、カメラの動き始めが緩やかになりました。

15 [現在の時間インジケーター]を設定する

次にぼかしを入れて映像にメリハリを付けていきます。[タイムライン]パネルの[現在の時間インジケーター]をドラッグし❶、「10」フレームに移動します。

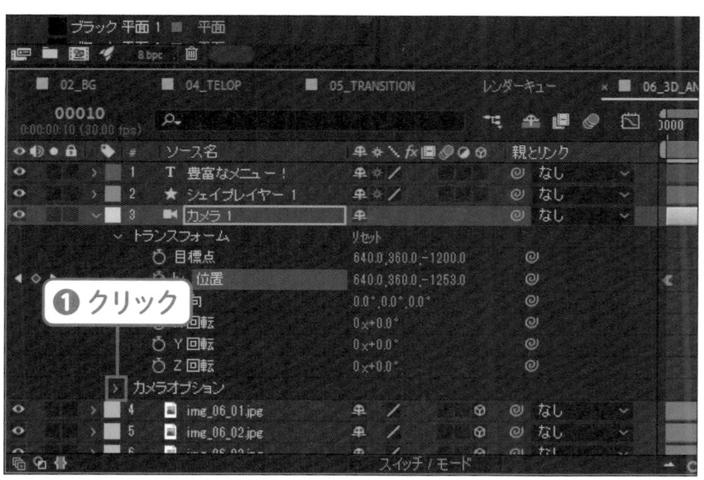

16 [カメラオプション]プロパティを開く

[タイムライン]パネルにある[カメラ1]レイヤーの[カメラオプション]左横の ▶ をクリックします❶。

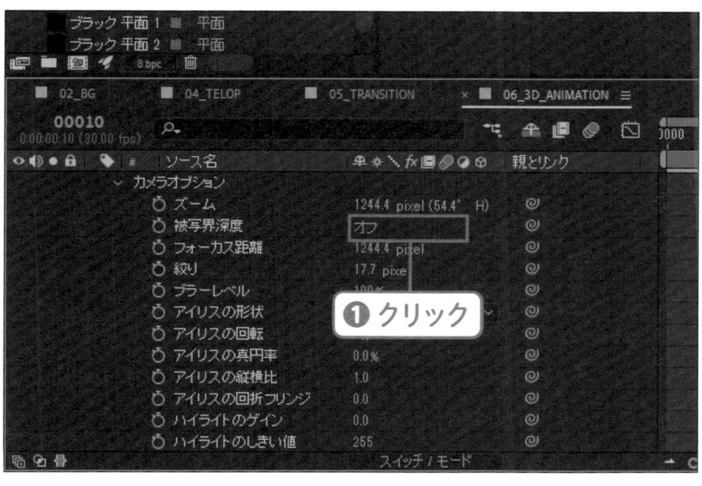

17 [被写界深度]をオンにする

[カメラオプション]プロパティにある[被写界深度]の青文字をクリックし❶、[オン]にします。

MEMO

[被写界深度]をオンにすることで、画像とカメラの距離に応じて「ぼかし表現」が可能になります。

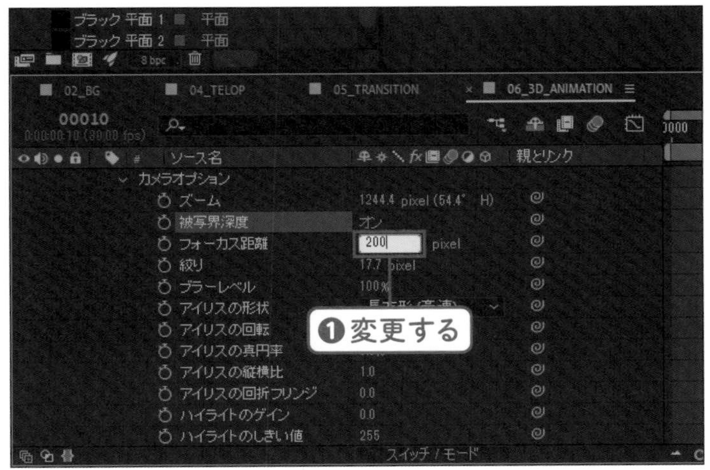

18 [フォーカス距離]を変更する

[カメラオプション]プロパティの[フォーカス距離]の数値を[200.0] pixelに変更します❶。

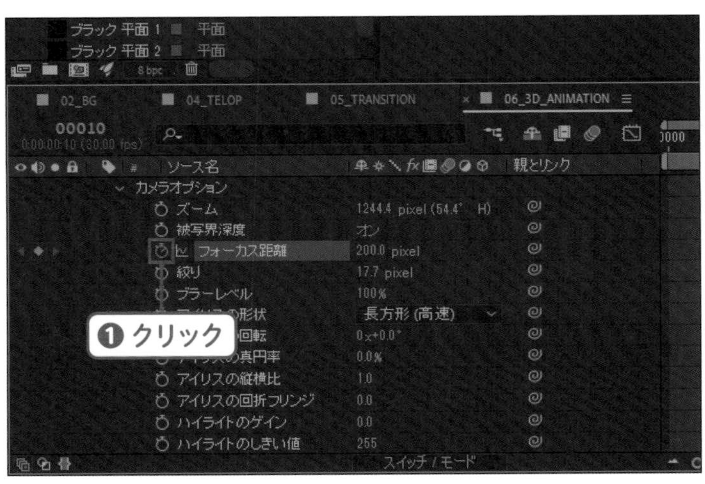

19 キーフレームを追加する

[フォーカス距離]左の[ストップウォッチ] をクリックし❶、キーフレームを追加します。

20 [現在の時間インジケーター]を移動する

[現在の時間インジケーター]をドラッグし❶、「50」フレームに移動します。

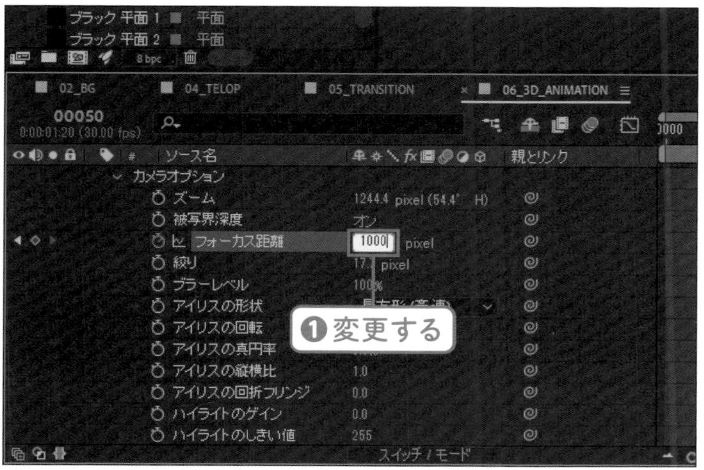

21 [フォーカス距離]を変更する

[フォーカス距離]の数値を[1000.0] pixelに変更します❶。

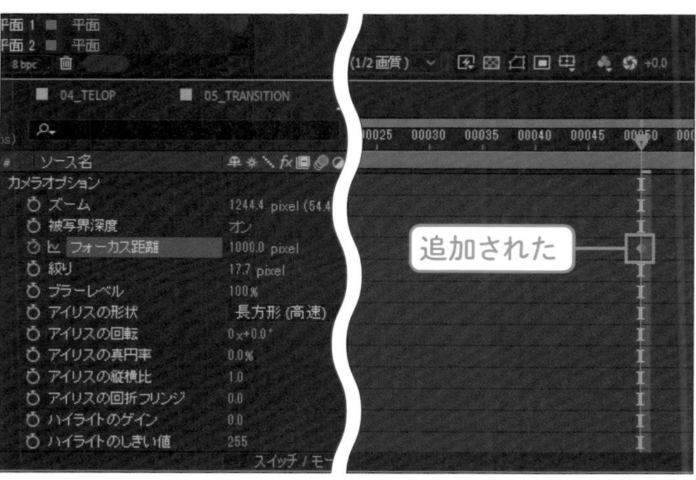

22 タイムグラフを確認する

数値を変更したことでキーフレームが自動で追加されました。

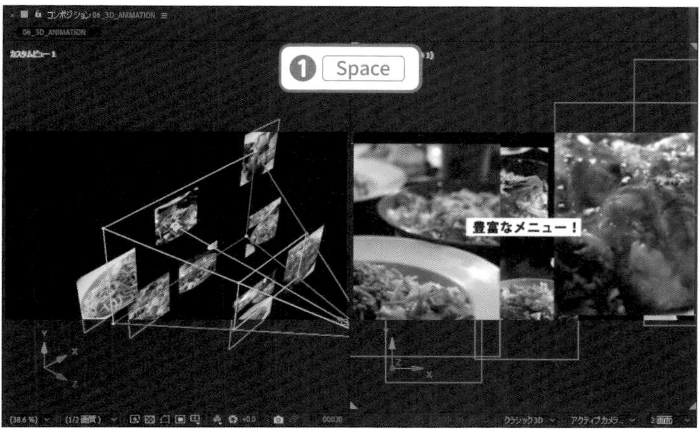

23 再生して確認する

Space キーを押して❶、再生します。画像がカメラ近くにいるときにはぼけていて、カメラが引いて全体が見えるようになったときにピントが合うようなアニメーションが作成できました。また「豊富なメニュー」レイヤーは2Dレイヤーにしているので、カメラの影響を受けずに目立ったデザインとして制作することができました。

Column

描画モードについて

[タイムライン]パネルのレイヤーの[モード]は、同じアドビ社のソフトであるPhotoshopなどを利用している方にはお馴染みの「描画モード」機能と同じものです。[モード]を使用する目的は、レイヤーを重ねる際に、色味を変えるためにあります。大きく分けると、「通常」「減算」「加算」「複雑」「差」「HSL」「マット」の7つカテゴリに分類されます。ここでは、使用頻度の高い「通常」「減算」「加算」「複雑」について解説します。

▶通常カテゴリ

描画モードの[通常]カテゴリは、そのレイヤーが持っている情報をそのまま表示するため、タイムライン上で上にあるレイヤー(四角)に重なった下のレイヤー(円形)部分は非表示になります。

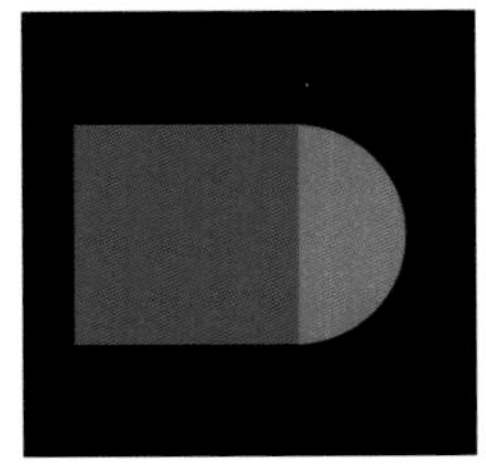
通常/通常

▶減算カテゴリ

[減算]カテゴリは、適用したレイヤーの色が半透明になりますが、下のレイヤーに対して色が混合されるため、下のレイヤーと重なっている部分が黒色に近づきます。

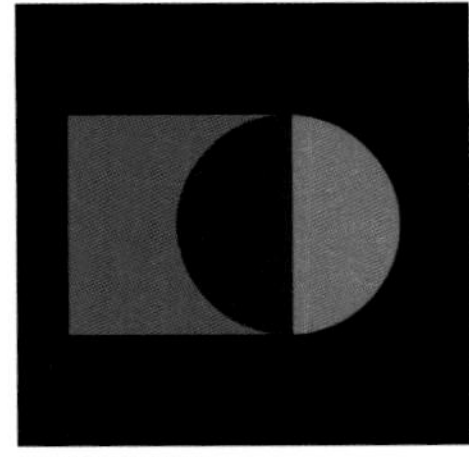
減算/乗算

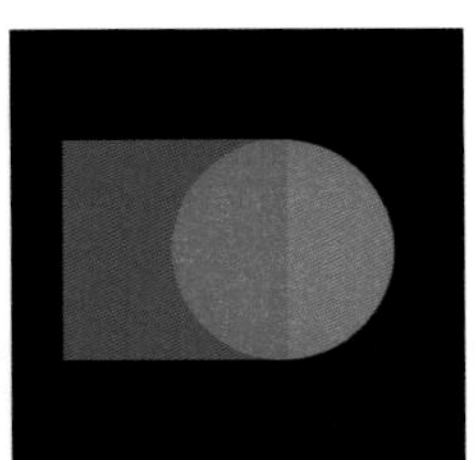
減算/焼き込みカラー

▶加算カテゴリ

[加算]カテゴリは、適用したレイヤーの色が半透明になりますが、下のレイヤーに対して光を混ぜるように色が混合されるため、下のレイヤーと重ねっている部分が白色に近づきます。炎や金属の光っている部分など、光らせたいときによく利用します。

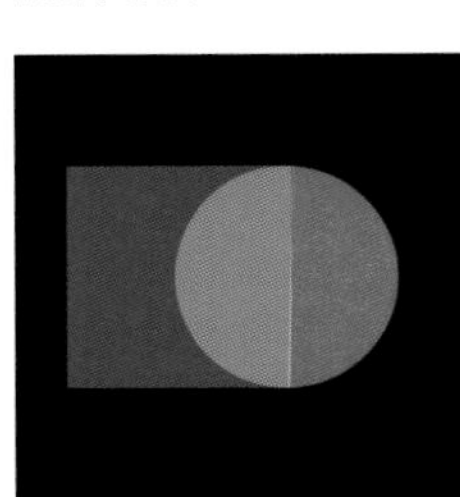
加算/加算

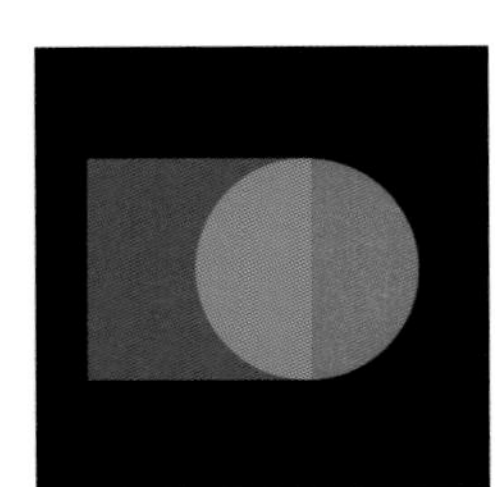
加算/スクリーン

▶複雑カテゴリ

[複雑]カテゴリは、描画モードを適用しているレイヤーの色と、下のレイヤーの色が「50%」のグレーよりも明るいかどうかによって、個別に色の処理が行われます。そのため、一方的に暗くしたり、明るくさせずに色彩をはっきりさせたいときに利用することの多いモードです。

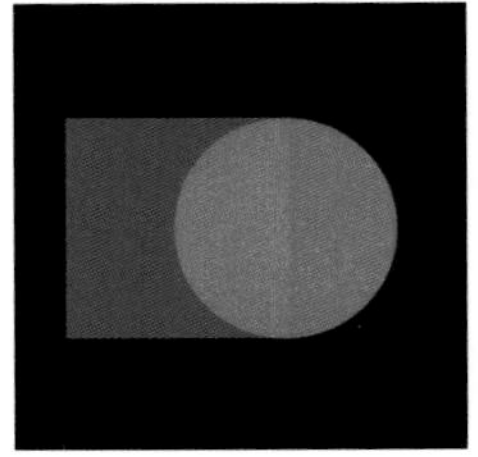
複雑/オーバーレイ

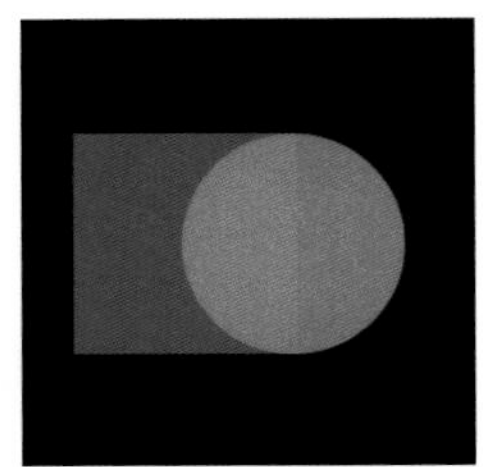
複雑/ソフトライト

Chapter

動画を書き出そう

第7章では、これまで作成してきた動画を1つにまとめる作業を行います。各章で作成したプロジェクトファイルを読み込み、動画の長さやつなぎ目をなめらかにしながら、編集を行います。最後に動画ファイルとして書き出し、再生して確認します。

Visual Index | Chapter 7

動画を書き出そう

完成イメージ

この章のポイント

この章では、これまでの章で作成してきた動画を１本にまとめます。各章のコンポジションをタイムラインに配置しましょう。編集した動画はレンダリングして動画ファイルとして書き出します。

POINT 1 最終書き出し用のコンポジションを作成する

これまで作成してきたコンポジションをつなげて、最終書き出し用のコンポジションを作成します。

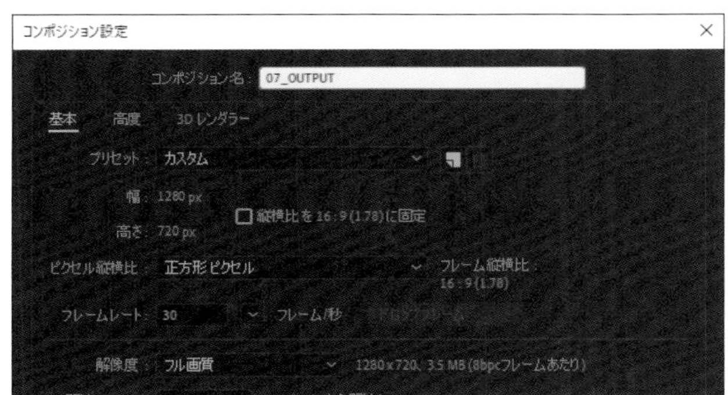

→ P.200

POINT 2 コンポジションを配置する

最終書き出し用のコンポジションの中に、これまで作成してきたコンポジションを配置することができます。

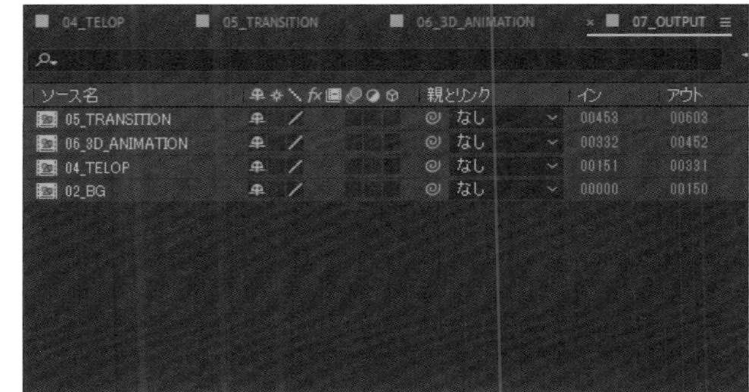

→ P.202

POINT 3 動画をレンダリングして書き出す

レンダリングして動画ファイルとして書き出します。書き出した動画を再生して確認します。

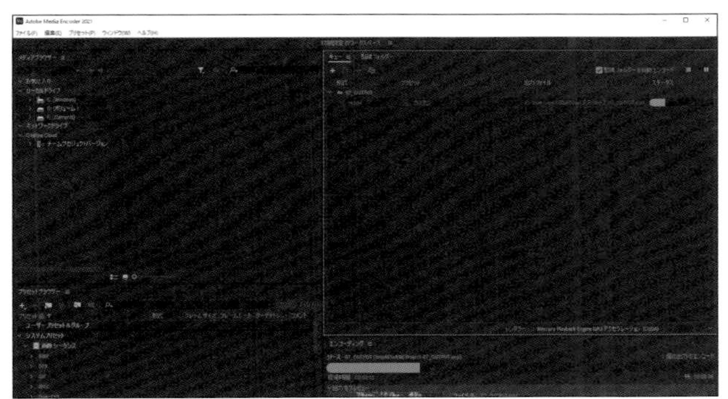

→ P.206

POINT 4 圧縮率を変えて書き出す

動画の書き出しは、圧縮率が低いと高画質ですが、ファイルサイズが大きくなってしまうということがあります。レンダリング時の圧縮について、詳しく見てみましょう。

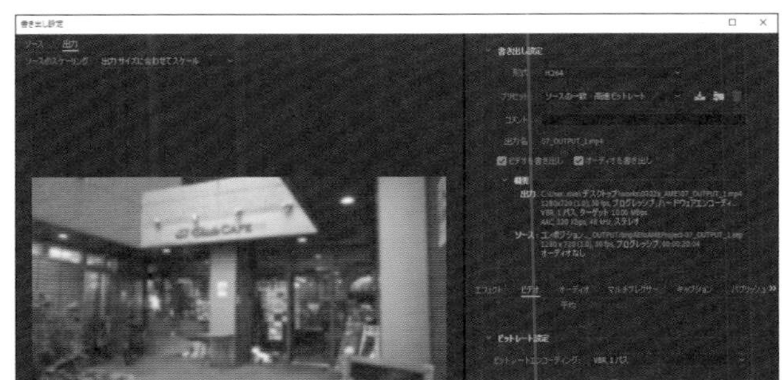

→ P.209, 214

Lesson 01

コンポジションを配置する

練習ファイル 0701a.aep
完成ファイル 0701b.aep

最終出力用のコンポジションを新規作成し、これまでに制作してきたコンポジションを配置していきます。

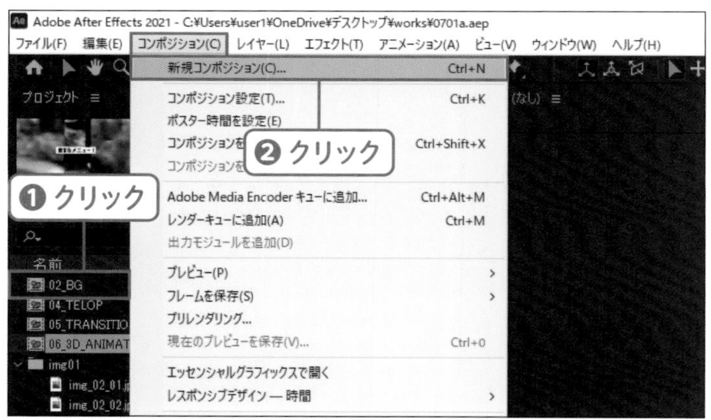

1 ［新規コンポジション］を作成する

これまでに作ったコンポジションは、新しいコンポジションの中に配置することができます。配置してつなげるための最終出力コンポジションを作成します。「02_BG」をクリックし❶、［コンポジション］メニュー→［新規コンポジション］の順にクリックします❷。

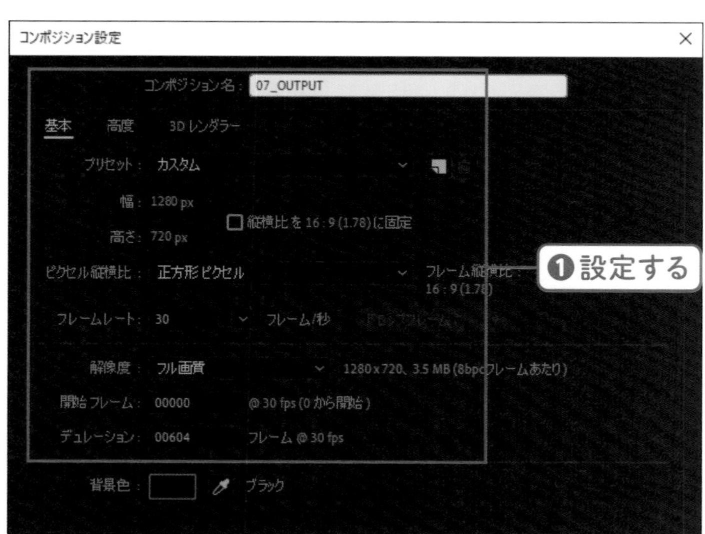

2 ［コンポジション設定］画面で設定する

［コンポジション設定］画面が表示されるので、以下のように設定します❶。

コンポジション名	07_OUTPUT
幅	1280
高さ	720
フレームレート	30
解像度	フル画質
開始フレーム	00000
デュレーション	00604

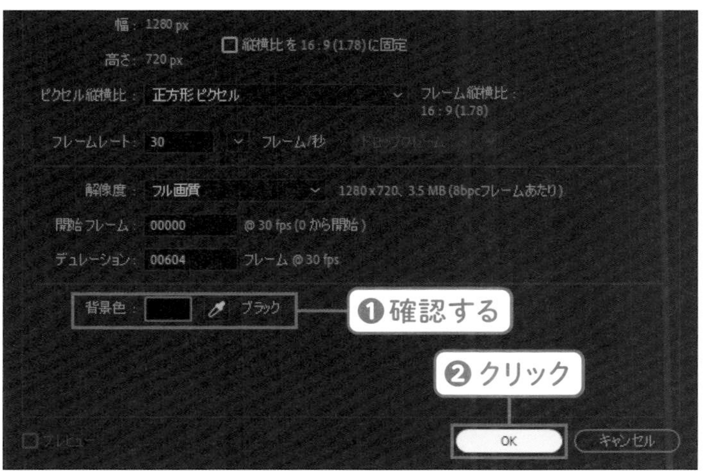

3 ［コンポジション設定］画面を閉じる

［背景色］が［ブラック］になっていることを確認し❶、［OK］をクリックして❷、［コンポジション設定］画面を閉じます。

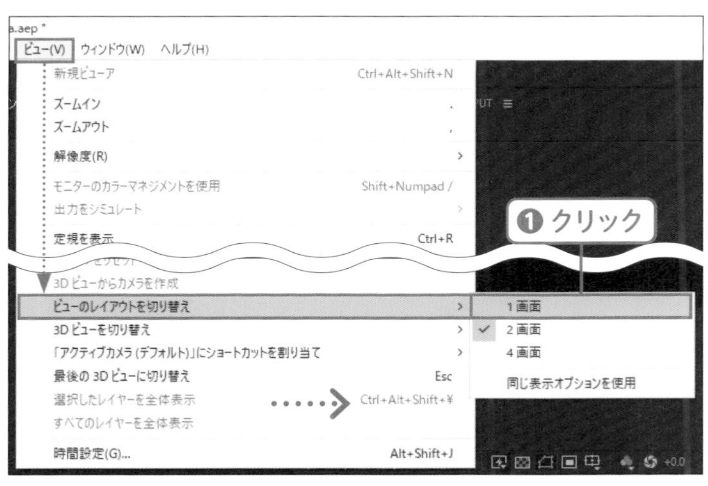

4 ビューのレイアウトを切り替える

2画面になっている場合は、［ビュー］→［ビューのレイアウトを切り替え］→［1画面］の順にクリックします❶。

5 ［コンポジション］パネルを確認する

画面表示が1画面に変更されました。

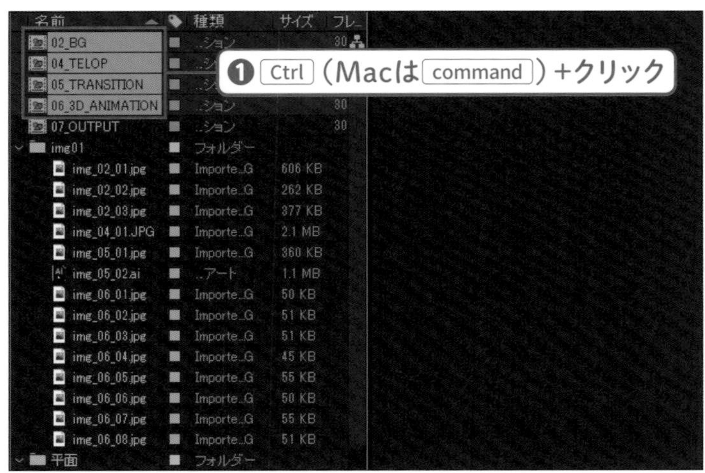

6 複数のコンポジションを同時に配置する

「02_BG」「04_TELOP」「05_TRANSITION」「06_3D_ANIMATION」コンポジションを［タイムライン］パネルに配置します。［プロジェクト］パネルにある上記コンポジションを Ctrl キー（Macは command）を押しながらクリックし❶、複数選択します。

7 ［タイムライン］パネルに配置する

［タイムライン］パネルにドラッグ&ドロップします❶。

8 ［タイムライン］パネルで確認する

各コンポジションが［タイムライン］パネルに配置されました。

9 レイヤー順を変更する

[タイムライン] パネルに配置したレイヤーの順番を変更します。[タイムライン]パネルの上から「05_TRANSITION」「06_3D_ANIMATION」「04_TELOP」「02_BG」の順になるように、ドラッグ&ドロップして、順番を変更します❶。

10 [タイムライン] パネルに [イン] 列を表示する

配置した各コンポジションレイヤーを並べてつなぐために、それぞれのレイヤーの開始点を設定していきます。[タイムライン] パネルの左下の [イン/アウト/ディレーション/伸縮を表示または非表示] をクリックし❶、青く表示させます。

11 [タイムライン] パネルを確認する

[タイムライン] パネルに [イン]、[アウト]、[デュレーション]、[伸縮] 列が表示されました。

MEMO

[イン] はレイヤーの開始点、[アウト] はレイヤーの終了点、[デュレーション] は表示される長さ、[伸縮] はパーセントに応じてレイヤーが伸縮し、加減速されます。

12 レイヤーの［イン］をクリックする

［タイムライン］パネルで「05_TRANSITION」レイヤーの［イン］の数値部分をクリックします❶。

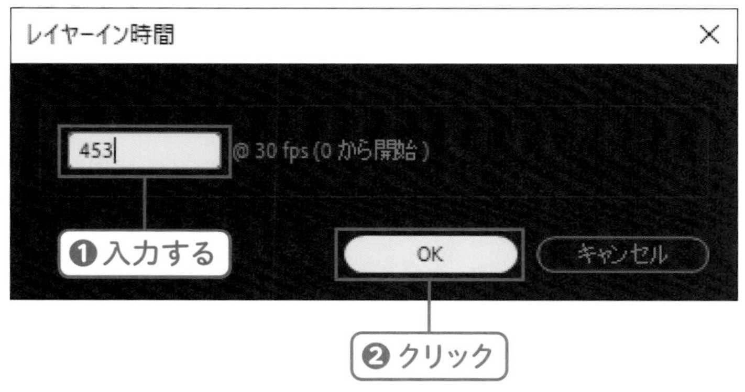

13 ［レイヤーイン時間］画面で時間を変更する

表示された［レイヤーイン時間］画面で「453」と入力し❶、［OK］をクリックします❷。

14 ［タイムライン］パネルを確認する

「05_TRANSITION」レイヤーが「453」フレームを開始点としたフレーム位置に移動したことを確認します❶。

15 複数レイヤーの開始点を変更する

同様にほかのレイヤーの［イン］の数値を以下のように設定します❶。

07_3D_ANIMATION	00332
04_TELOP	00151
02_BG	00000

16 ［タイムライン］パネルを確認する

［タイムライン］パネルを確認すると❶、レイヤーの開始点が変更されて、階段状に配置されました。

17 アニメーションを再生する

Space キーを押して❶、再生します。これまでに制作したコンポジションがつながって表示され、1つの動画として完成しました。次のレッスンでは完成した動画をファイルとして書き出します。

Lesson

02 レンダリングしよう

練習ファイル 0702a.aep
完成ファイル なし

配置した動画をレンダリングして動画ファイルに書き出します。さまざまな形式の動画ファイルに書き出せますが、ここではH.264形式でレンダリングして再生してみましょう。

1 書き出すコンポジションを表示する

書き出す［07_OUTPUT］コンポジションが［タイムライン］パネルに表示されていることを確認します❶。

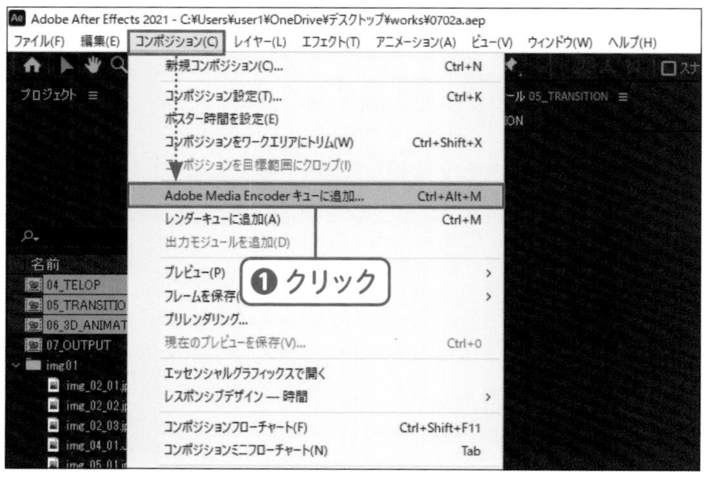

2 ［Adobe Media Encoder キューに追加］を選択する

［コンポジション］メニュー→［Adobe Media Encoderキューに追加］の順にクリックします❶。

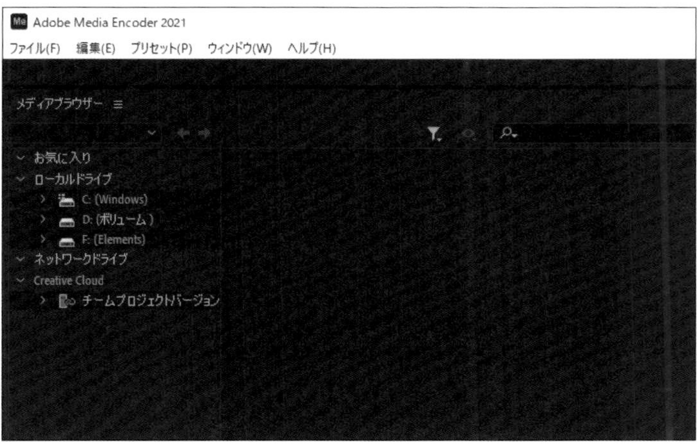

3 [Adobe Media Encoder]が起動する

[Adobe Media Encoder]の画面が表示されます。

MEMO

[Adobe Media Encoder]とは、After Effectsとは別のアプリケーションです。マシン環境などによって、起動に時間がかかることがあります。

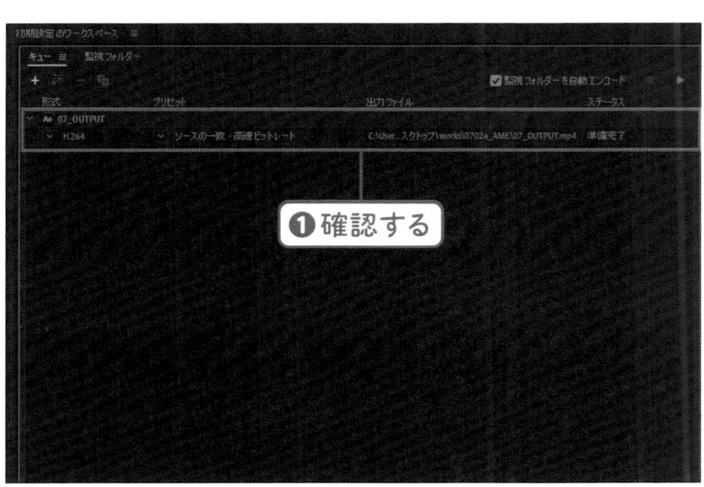

4 キューに追加されたことを確認する

[Adobe Media Encoder]画面の[キュー]パネルに[07_OUTPUT]が追加されていることを確認します❶。

MEMO

マシン環境などによって、[キュー]パネルに追加されるのに時間がかかることがあります。

Check! Adobe Media Encoderとキューについて

Adobe Media Encoderは、アドビ社からリリースされている形式変換専用のアプリケーションです。After Effectsで制作されたプロジェクトデータを読み込んで、レンダリングすることができます。お使いのPCのスペックなどによっては、起動に時間がかかることがあります。別アプリケーションのためAdobe Media Encoder上でレンダリングを行いながら、After Effectsで作業を行うことも可能です。動画の書き出しには[キュー]という用語が頻繁に出てきます。キューとは、レンダリングされるコンポジションを一覧表示するリストのことです。キューに追加されたデータ(コンポジション)は、[AVI][QuickTime]などの形式に書き出す際、書き出し設定や出力ファイルの保存場所を変更することができます。複数のコンポジションをキューに追加することができ、キューに追加された順番にレンダリング出力されます。

5 [形式]をクリックして[書き出し設定]を開く

[形式]列にある青い文字の部分をクリックします❶。

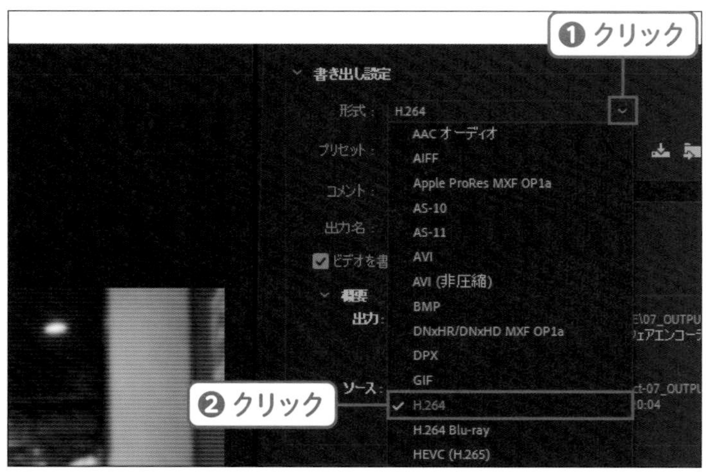

6 [形式]を変更する

[書き出し設定]画面が表示されるので、[書き出し設定]にある[形式]の をクリックし❶、表示されるメニューから[H.264]をクリックして❷、選択します。

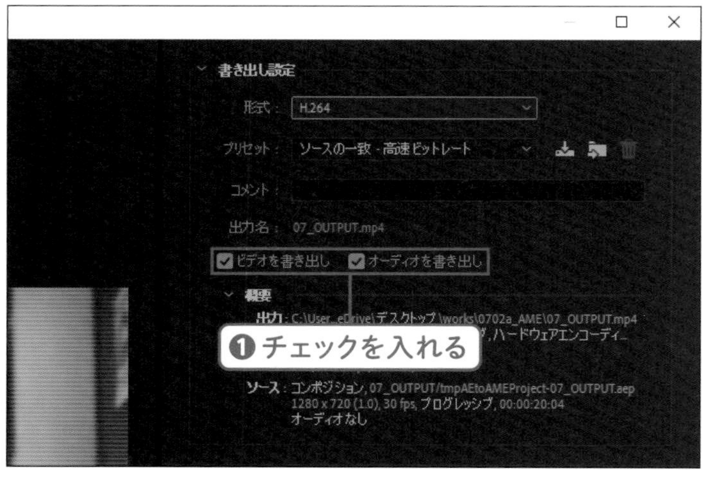

7 書き出し設定を変更する

[ビデオを書き出し]と[オーディオを書き出し]にチェックを入れます❶。

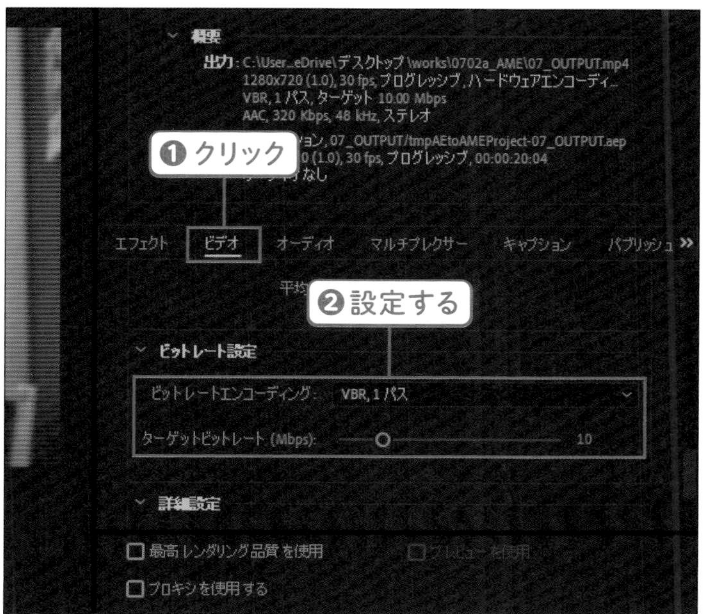

8 ［ビットレート設定］を変更する

［ビデオ］タブをクリックし❶、下部にある［ビットレート設定］を以下のように設定します❷。

ビットレートエンコーディング	VBR, 1パス
ターゲットビットレート（Mbps）	10

MEMO

ビットレートとは送信できるデータ量のことです。ビットレートを高くすると動画がきれいに書き出せますが、ファイルサイズは大きくなります。ファイルサイズを小さくしたい場合は、ビットレート数を調整しましょう。一般的に10～20程度にしておけば、きれいに書き出すことができます。

9 ［最高レンダリング品質を使用］にチェックを入れる

［最高レンダリング品質を使用］にチェックを入れます❶。

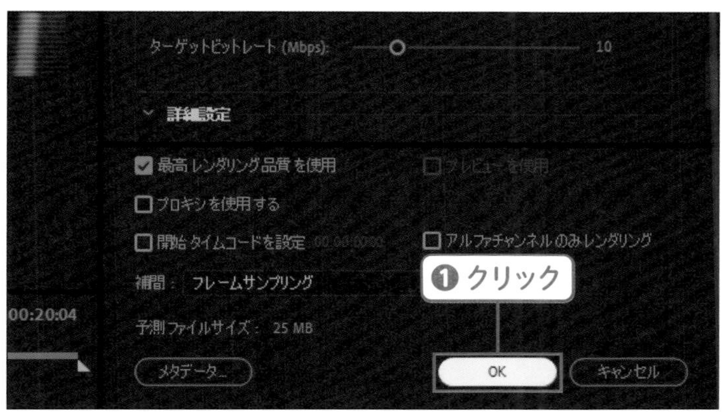

10 ［書き出し設定］画面を閉じる

設定が終わったら、［OK］をクリックして❶、［書き出し設定］画面を閉じます。

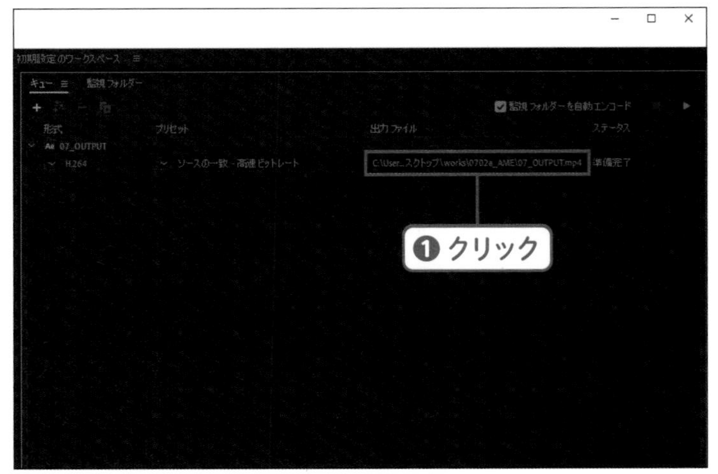

11 ムービーの出力先を設定する

[出力ファイル]にある青い文字の部分をクリックします❶。

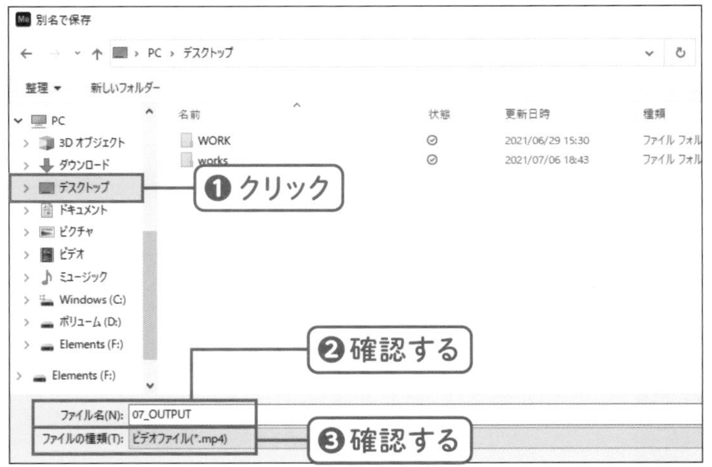

12 [別名で保存]画面で設定する

[別名で保存]画面が表示されるので、[デスクトップ]をクリックし❶、ムービーの出力先をデスクトップに設定します。[ファイル名](Macは[名前])に[07_OUTPUT]または[07_OUTPUT.mp4]と表示されていることを確認します❷。[ファイルの種類](Macは[ファイル形式])が[ビデオファイル(.mp4)]になっていることを確認します❸。

13 [別名で保存]画面を閉じる

[保存]をクリックして❶、設定画面を閉じます。

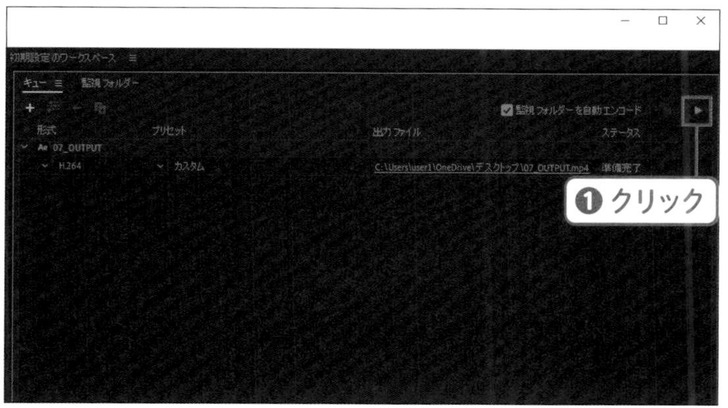

14 レンダリングする

［キュー］パネル右上の［キューを開始（Enter）］（Macの場合は［キューを開始（リターン）］）をクリックし❶、レンダリングを開始します。

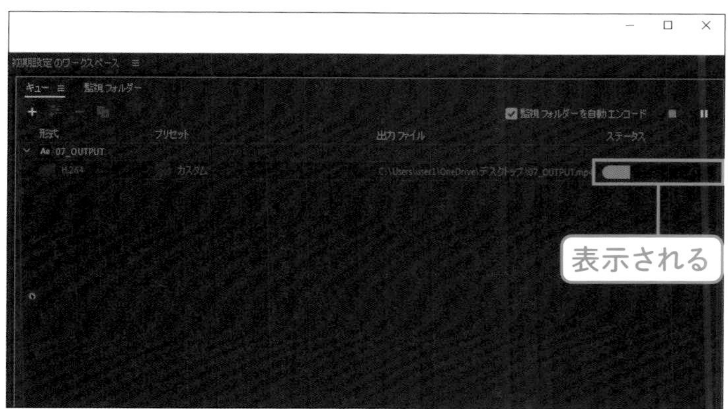

15 レンダリングが開始されていることを確認する

［エンコーディング］パネルに処理の経過を示す青いバーが表示されます。処理が終わると、指定した出力先（ここではデスクトップ）にムービーが書き出されます。

16 書き出された動画を確認する

デスクトップに書き出した［07_OUTPUT.mp4］をダブルクリックすると、パソコンにインストールされている動画再生アプリが起動し、再生されます。これで作成したものすべてがつながり、動画ができあがりました。

MEMO

インストールされている動画再生アプリがない場合は、Apple社より提供されているQuickTimeがWindowsとMacで使用できるので、おすすめです。以下のApple社のWebサイトよりダウンロードすることができます。
QuickTimeダウンロードWebサイト：https://support.apple.com/ja_JP/downloads/quicktime

Column

完成した動画について

近年、インターネットの普及により動画広告が身近なものとなり、街中でも動画広告を流す看板やモニターを見かける機会が増えました。本書は、カフェの動画広告を想定し、一連の制作を行うことでAfter Effectsの習得を目的としています。完成した動画を見て、改めて本書のポイントとデザインを確認してみましょう。

お店の外観や料理の静止画に、位置やスケールのアニメーションを追加することで、動きのある映像に仕上げています。
タイトルに印象的な動きを付けたり、背景にエフェクトで質感を追加する事でデザインとして成立させることができました。

お店の特徴をテロップで紹介しました。テロップの動きとは別に背景にもアニメーションを追加しました。
画面の中でメインとなる「テロップの動き」と、サブの「背景の動き」を作ることでより凝った表現を作ることができます。
またデザインを考えるときに文字情報の読みやすさを念頭に置くことが完成への近道です。

魅力的な文字情報は、見せ場のカットとして制作しました。「豊富なメニュー！」という文字情報に合わせて、たくさんの料理の静止画が3D空間に広がる演出を作りました。被写界深度を設定することで、実際のカメラのようなぼかし表現も加えることができます。

映像とは時間変化を伴う表現方法です。このサンプルムービーにも起承転結があり、結びとなるカットでお店の情報を掲載しています。カットの始めに不透明度のアニメーション（場面転換）使うことで、文字情報に目を向けさせる視線誘導の効果を用いています。

Column

レンダリング・圧縮率について

レンダリングとは主に動画や連続する静止画ファイルを書き出すことを指します。その目的はプレイヤーで再生したり、汎用的に利用できるようにするためです。動画であればMP4、MOV、AVIなど。静止画であればJPEG、GIF、PNGなど、動画や静止画用のコンテナ（形式）というものがあり、さらに画質やデータ量に関わるコーデック（圧縮）というものが存在します。用途や目的に応じてコンテナとコーデックを選び、非圧縮の高画質ファイルとして書き出したり、扱いやすいようにファイルサイズを小さくしたりなどができます。

▶ Adobe Media Encoderについて

Adobe Media Encoder（以下AME）は、アドビのビデオ書き出し専用アプリケーションです。Premiere Pro、After Effects、Auditionなどと連携しています。Premiere Pro、After Effects単体でもレンダリングやエンコード（形式や圧縮の変換）を行うことはできますが、AMEではより多くの形式を選択でき、細かな設定を調整することが可能です。Premiere ProやAfter Effectsで編集した作業データをAMEに送り、書き出すことができます。Premiere Proの場合［ファイル］メニュー→［書き出し］→［メディア］の順にクリックすると、書き出し設定ウィンドウが表示されます。画面下部の［キュー］をクリックすると、AMEが別アプリケーションとして起動します。After Effectsの場合［コンポジション］メニュー→［Adobe Media Encoderキューに追加］の順にクリックすると、AMEが別アプリケーションとして起動します。AMEの［キュー］に追加された時点でのワークデータが読み込まれますので、別アプリケーションとなるAMEを起動しながらのPremiere ProやAfter Effectsで作業が可能です。しかし、パソコンに対する計算負荷が大きくかかるので推奨は致しません。また複数の作業データを読み込んで、［キューを開始］することで一度に複数の動画をレンダリングすることができます。

▶ 主に設定するAdobe Media Encoderの設定項目

- 動画の書き出し設定を行う
  ［書き出し設定］
- 保存先を決める
  ［別名で保存］

※［書き出し設定］の出力名からも
保存先を変更することができます。

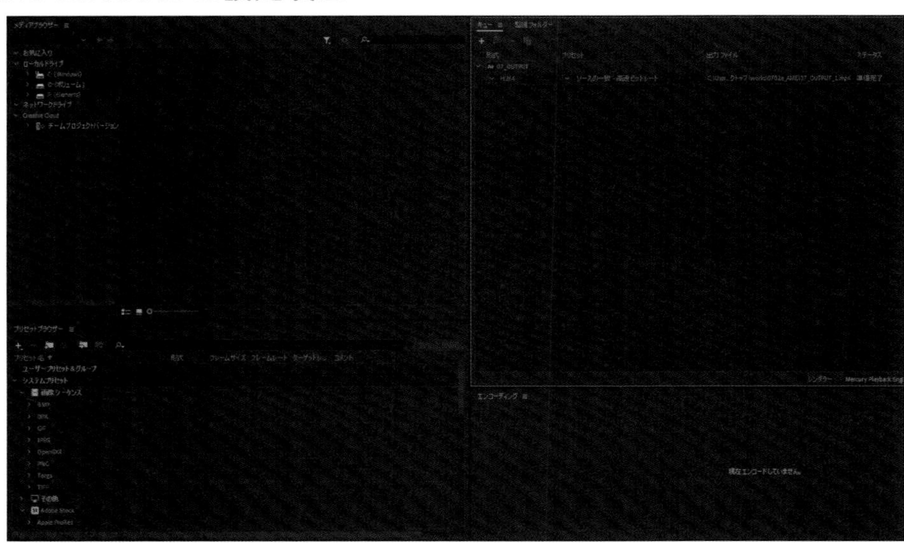

▶［書き出し設定］画面の内容

［キュー］に読み込まれたデータの「形式」または「プリセット」をクリックすると、［書き出し設定］画面が表示されます。［形式］プルダウンメニューから、コーデックを選択することができます。コーデックとは、編集した映像・音声データを圧縮・変換・復元する処理手順のことです。圧縮率が高いコーデックほどファイルサイズを抑えることができますが、画質に影響が出てきます。近年では、高い圧縮率ながら高画質で動画を書き出すことができる［H.264］がよく使われます。またコーデックなしを非圧縮と呼びます。画質が劣化しないため最高画質となりますが、とてもデータ量が大きくなります。

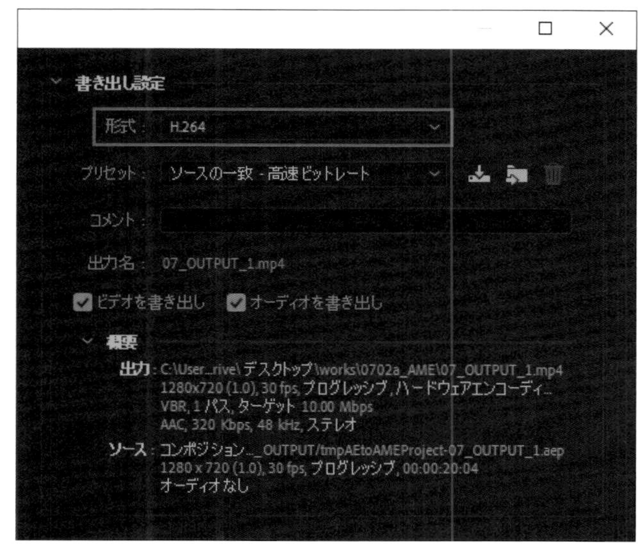

▶ビットレートの設定

ビットレートとは、1秒間にデータを送受信できるデータ量のことです。ビットレートが高いほどファイルサイズが大きくなり、画質がよくなりますが再生するための負荷も大きくなります。再生環境と相談して調整する必要があります。AMEでは、［書き出し設定］画面の［書き出し設定］→［ビデオタブ］→［ビットレート設定］から設定することができます。ビットレートによって再生ができなくなったり、画質が低下したりする場合もあるので不用意に調整することはおすすめできません。ファイル形式や圧縮形式が決まっていて、どうしてもデータ量を減らしたい場合など特別な状況のときに検討しましょう。

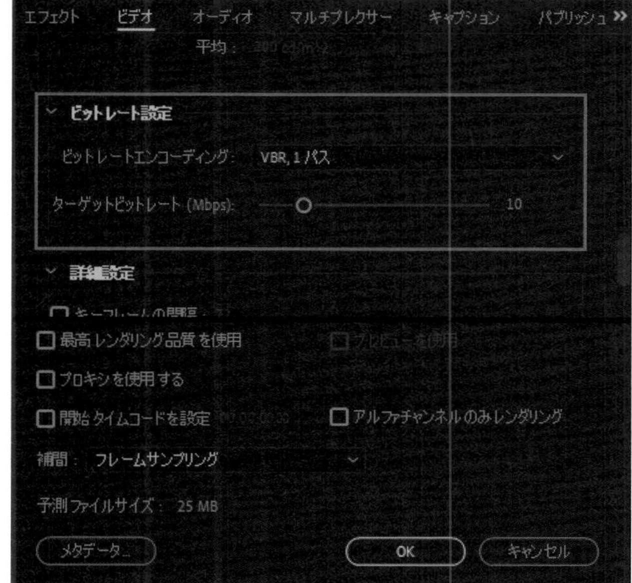

Word 用語集

3Dカメラトラッカー

動画を実際に撮影したカメラのような疑似再現するエフェクト。

アニメーター

一般的にはアニメを作る人の意味だが、After Effectsでは独自のテキストアニメーション用のツールとしてアニメーターと表記している。

アニメート

モーショングラフィックスやエフェクトなどで静止画に動きを付ける機能またはツールのこと。

アルファチャンネル

静止画や映像などの「不透明度」の部分のことを指す。画像ソフトなどでマスクを利用した場合の表示、非表示のことをアルファと呼ぶこともある。アルファチャンネルに関しては、持つことのできないファイルの形式もあるので、扱いには注意が必要(例：JPEG形式はアルファチャンネルが持てない。PNG形式はアルファチャンネルを持つことができる)。

イーズ

アニメーションの緩急についての設定。イーズインは開始位置、イーズアウトは終了位置を示す。

エフェクト

動画や静止画などの映像に効果を加えること。

エフェクトコントロール

エフェクトの設定を行うパネル。エフェクトの色やサイズなどの詳細な設定を行う。

カートゥーン

カートゥーンとは英語ではアニメのことを指し、制作の現場では映像表現ジャンルの1つとして挙げられる。After Effectsでは、動画や静止画に輪郭や塗りつぶしの効果を付けて、アニメ風のアニメーションにするエフェクトの1つ。

カラーグレーディング

カラーグレーディングとは、色味の調整を行う映像の作業もしくはツールのこと。

カラーコレクション

映像の色味を補正する作業のこと。After Effectsでは色味を補正するエフェクトが多く用意されている。

幾何学模様

三角形や方形などの図形で構成されている模様。

キーフレーム

アニメーションを指示するポイント（点）のこと。タイムグラフに表示され、追加や数値の変更をしてアニメーションの指示をする。

現在の時間インジケーター

タイムグラフ上で時間の操作をするためのツール。[タイムライン]パネルでアニメーションの確認をしたり、キーフレームの追加を行うツール。

コロラマ

映像の色味を変えたり、アニメートするための[色調補正]エフェクトの1つ。映像に色をわずかに付けたり、違う色味に変えることができる。

コンポジション

After Effectsで編集作業を行う作業場のような役割。作業内容を[コンポジション]パネルのビューで確認したり、[タイムライン]パネルでアニメーションを付けるなどの編集を行う。

スケール

画像や動画のサイズを変更してアニメートさせる。

スライドイン

画面外から画面内にオブジェクト（画像など）が移動するアニメーションの総称。

ターゲット

3D空間に素材（テキストなど）を配置するときに、配置する位置のトラッキングポイントを指定する。

タイムグラフ

[タイムライン]パネルの右側の時間軸部分のこと。[現在の時間インジケーター]やキーフレームなどの時間軸を移動させ、アニメーションを設定する。After Effectsでは、棒状のバーで表示される[レイヤーデュレーションバー]と直線と曲線で表示される[グラフエディター]モードがある。

タイムライン

コンポジションに配置した素材を編集するためのパネル。[プロジェクト]パネルに読み込んだ素材を[タイムライン]パネルに配置して、アニメーションやレイヤーの管理などを行う。

ディテール

全体の中の細かい表現部分のこと。細かいという意味ではなく、全体を構成する細部という意味で使われる。

デュレーション

動画の全体の長さ。日本では「尺」と呼ぶこともある。

トラッキング

撮影された映像に追従するような画像の合成方法。

トラッキングポイント

3D空間に素材(テキストなど)を配置するときに、指定するポイント。

トラックマット

白黒で構成された素材(画像など)や、ベクター形式の素材(テキストなど)のようにアルファチャンネル情報(透明情報)を持っている素材を利用したマスクの機能。

トランジション

映像の切り替え時に使うアニメーションのこと。フェードイン、フェードアウトなどの切り替えアニメーションや動画のつなぎ目をなめらかにする。

フェードイン/フェードアウト

映像が透明度の変化によって切り替わる表現のこと。

フッテージ

After Effects で使用する素材。静止画、動画など、After Effectsに読み込めるすべての素材ファイルのこと。

ブラー

主にぼかし全般のこと指す。カメラなどのレンズによるピントのズレ(ピンボケ)を表現するときや、速い動きを表現する際に利用する。

フレームレート

単位時間あたりに処理させるフレーム数。一般的には、1秒間30フレームで、一部のテレビなどで「29.97」という数値が使われる。

プロジェクト

After Effectsで保存される作業データのこと。

［プロジェクト］パネル

After Effectsでのプロジェクトは、読み込んだ素材の倉庫のような役割。コンポジションや素材（動画、静止画ファイル）などで構成される。

プロパティ

レイヤーやエフェクトの持つ変数の項目のこと。具体的には、トランスフォームの［位置］や［スケール］のことをプロパティと呼ぶ。

マスク

映像の一部分を切り出すためのツール。

モーショングラフィックス

静止画に動きを付けた映像表現のこと。

モード

レイヤーの描画モード。Photoshopでの描画モードと同じで、映像の色を混色して色味を変えるレイヤーの効果。

レンダーキュー

選択されたコンポジションをレンダリングするための指示を行う。動画形式や出力先などの設定をする。

レンダリング

編集した動画やアニメーションを動画ファイルとして書き出すこと。

ワープスタビライザー

撮影した動画素材の手ぶれを補正する機能でエフェクトの1つ。

Index 索引

記号・英字

あ行

か行

さ行

た行

な行

は行

ま行

や行

ら行

わ

監修者　ロクナナワークショップ

原宿・表参道にあるロクナナワークショップは、Web制作会社ロクナナが運営する大人のための「Web制作の学校」です。

これからWeb制作を始めたい方や、ITスキルを習得したい方にむけた研修もおこなっています。**オンライン研修**や、実際に会議室などに集まっての**企業研修**など、内容や習得したいスキルにあわせてプランニングします。

また、IT教育にこれから取り組む皆様に、教科書や副読本の選定などのコンサルティング業務もおこなっております。

いずれも、お気軽にお問い合わせください。（原宿教室での定期的な講座は休止中です）

＊受講のお申し込み・お問い合わせ

ロクナナワークショップ

ロクナナワークショップ
〒150-0001　東京都渋谷区神宮前 1-1-12 原宿ニュースカイハイツ204号室
E-mail : workshop@67.org
https://67.org/ws/

ロクナナワークショップはアドビ認定トレーニングセンター（AATC）です。

著者プロフィール

佐藤 太郎・中薗 洸太（マウンテンスタジオ）

マウンテンスタジオは3ds Max とAfter Effects を利用したモーショングラフィックを得意とし、ゲームOP・企業様VP・遊技機・CM・実写撮影など、デザイン全般を手掛けています。デザインの持つ力を信じ、関わったすべての方々と共に明日のトビラを開ける、そんな気持ちを大切にもの作りに取り組んでいます。

デザインの学校
これからはじめる
After Effectsの本
［改訂2版］

2015年12月25日　初　版　第1刷発行
2021年10月22日　第2版　第1刷発行
2023年　2月14日　第2版　第2刷発行

著　者　マウンテンスタジオ　佐藤 太郎・中薗 洸太
監　修　ロクナナワークショップ
発行者　片岡 巌
発行所　株式会社技術評論社
東京都新宿区市谷左内町21-13
電話　03-3513-6150　販売促進部
03-3513-6160　書籍編集部
印刷／製本　大日本印刷株式会社

ISBN978-4-297-12415-1 C3055
Printed in Japan

協力　Whistle CAFE
カバーデザイン　田邉 恵里香
カバーイラスト　佐藤 香苗
本文デザイン　星山 誼彰（ライラック）
DTP　五野上 恵美
編集　矢野 俊博
技術評論社ホームページ　https://gihyo.jp/book/

■ **問い合わせについて**

本書の内容に関するご質問は、下記の宛先までFAXまたは書面にてお送りください。なお電話によるご質問、および本書に記載されている内容以外の事柄に関するご質問にはお答えできかねます。あらかじめご了承ください。

〒162-0846
新宿区市谷左内町21-13
株式会社技術評論社　書籍編集部
「デザインの学校　これからはじめる
After Effectsの本［改訂2版］」　質問係
［FAX］　03-3513-6167
［URL］　https://book.gihyo.jp/116

なお、ご質問の際に記載いただいた個人情報は、ご質問の返答以外の目的には使用いたしません。また、ご質問の返答後は速やかに破棄させていただきます。